前園宜彦 著

ノンパラメトリック法

カーネル型推定による統計的推測

統計学 One Point 28

共立出版

「統計学 One Point」編集委員会

鎌倉稔成　　（中央大学研究開発機構，委員長）
江口真透　　（統計数理研究所）
大草孝介　　（中央大学理工学部）
酒折文武　　（中央大学理工学部）
瀬尾　隆　　（東京理科大学理学部）
椿　広計　　（統計数理研究所）
西井龍映　　（中央大学研究開発機構）
松田安昌　　（東北大学大学院経済学研究科）
森　裕一　　（岡山理科大学経営学部）
宿久　洋　　（同志社大学文化情報学部）
渡辺美智子　（立正大学データサイエンス学部）

「統計学 One Point」刊行にあたって

　まず述べねばならないのは，著名な先人たちが編纂された共立出版の『数学ワンポイント双書』が本シリーズのベースにあり，編集委員の多くがこの書物のお世話になった世代ということである．この『数学ワンポイント双書』は数学を理解する上で，学生が理解困難と思われる急所を理解するために編纂された秀作本である．

　現在，統計学は，経済学，数学，工学，医学，薬学，生物学，心理学，商学など，幅広い分野で活用されており，その基本となる考え方・方法論が様々な分野に散逸する結果となっている．統計学は，それぞれの分野で必要に応じて発展すればよいという考え方もある．しかしながら統計を専門とする学科が分散している状況の我が国においては，統計学の個々の要素を構成する考え方や手法を，網羅的に取り上げる本シリーズは，統計学の発展に大きく寄与できると確信するものである．さらに今日，ビッグデータや生産の効率化，人工知能，IoT など，統計学をそれらの分析ツールとして活用すべしという要求が高まっており，時代の要請も機が熟したと考えられる．

　本シリーズでは，難解な部分を解説することも考えているが，主として個々の手法を紹介し，大学で統計学を履修している学生の副読本，あるいは大学院生の専門家への橋渡し，また統計学に興味を持っている研究者・技術者の統計的手法の習得を目標として，様々な用途に活用していただくことを期待している．

　本シリーズを進めるにあたり，それぞれの分野において第一線で研究されている経験豊かな先生方に執筆をお願いした．素晴らしい原稿を執筆していただいた著者に感謝申し上げたい．また各巻のテーマの検討，著者への執筆依頼，原稿の閲読を担っていただいた編集委員の方々のご努力に感謝の意を表するものである．

編集委員会を代表して　鎌倉稔成

まえがき

　1950年代に提案された滑らかな密度関数の推定法であるカーネル型推定は，当初カーネル関数の指定法やハイパー・パラメータであるバンド幅の選択などの設定の自由さが徒になって，研究はそこまで進展しなかった．当時は母集団分布を仮定するパラメトリックな手法の研究が盛んで，ノンパラメトリック法はデータの順位に基づく推測を主体に研究されていた．その後1960年代に漸近相対効率理論が定着し，中心極限定理とその精密化が研究され，パラメトリック法との融合も図られてきた．その影響で，カーネル型推定の研究自体は停滞気味であった．しかし1980年代，90年代に脚光を浴びた統計的リサンプリング法への活用が盛んになり，また漸近理論の深化によりカーネル法の有用性が再認識され，コンピュータ環境の飛躍的な向上から実用的な手法としてカーネル型推定は定着してきている．

　カーネル型密度関数推定量は滑らかさを維持するためにハイパー・パラメータであるバンド幅を組み入れて構成される．この導入の影響から，推定対象の密度関数への収束のオーダーが通常の統計手法と比較して遅くなるという弱点がある．しかし母集団分布についての仮定を置くことなく，一致推定量となる優位性があり，ビッグ・データの解析などには有効である．また密度関数推定量を積分した分布関数推定量は，バイアスを上手く処理すると通常の手法と同じ収束のオーダーにすることができる．密度関数の推定量も重要であるが，分布関数の推定量も統計的推測では大事な役割をもつ．カーネル型分布関数推定量を直接組み込んだ推測では，パラメトリック法と同じ収束のオーダーを達成することも可能となる．またバンド幅の選択については，最適なバンド幅を理論的に導出し，その推定量を構成する方法などが提案され，その後コンピュータ環境の発達に伴って，計算負荷は高いが汎用性のあるクロス・バリデーションを使う方法が普及

してきている．

　カーネル型推定に関する重要な課題として，密度関数のサポートが実数全体ではないときに，サポートの境界付近でバイアスを持つ問題がある．この解決法としてデータの変換による解消法が研究されている．2000年頃から非対称なカーネル関数を利用する方法が提案され，有益な結果が得られている．本書でもガンマ関数の密度関数をカーネルとする研究やデータの変換による境界バイアスの改善法について解説している．このように，カーネル関数の選択は関数推定量の収束に影響を与えることもあり，その選択は重要である．しかし多項式関数を利用したものについては最適な多項式の研究成果はあるが，一般論は難しく研究は進展していない．カーネル関数の選択は他の問題に比べて収束のオーダーは変わらないことが指摘されているが，カーネル関数の選択法は今後の研究課題である．

　本書では著者が近年研究している分布関数のカーネル型推定量を利用した統計的推測への応用と推測の改善を中心に解説していく．1章で密度関数推定量と関連する推定量の漸近的な性質を議論する．密度関数および分布関数のカーネル型推定量は0に収束するバンド幅に依存したバイアスを持っており，様々な修正法が提案されているが一長一短である．これらの代表的なバイアスの改善法についても解説する．2章では分布関数推定量の漸近的な性質を議論し，$\sqrt{n}$ オーダーへの回復を考察している．これらの修正を行えば直接的に分布関数推定量を組み込める統計的推測では，利用される統計量が $\sqrt{n}$ の一致性を保持することを多くの場合示すことができる．3章では統計的推測への応用を議論し，利用される統計量の漸近的な性質を解説している．特に統計的推測で有用な分位点推定や，順位検定の連続化を紹介している．これらは，経験分布関数の代わりにカーネル型推定量を組み入れたもので，多くの場合，統計的推測を改善するものになっている．4章では密度関数のサポートが実数全体ではないときに生じる境界バイアスの問題について，データを変換することによって改良する手法を議論し，その有効性を理論的に研究するとともに，シミュレーションで検証している．これらの研究方法は他のものにも適用できるもので，さらなる発展が期待できる．

最後に本書の執筆を勧めてくださった編集委員長の鎌倉稔成先生と編集委員の西井龍映先生，ならびに貴重なコメントをいただいた閲読者の先生方に感謝いたします．また執筆の完了を辛抱強く待っていただいた共立出版編集部の方々に感謝の意を表します．

2024 年 11 月

前園宜彦

記号表

$I(A)$：定義関数
$F(x), F_X(x)$：分布関数，X の分布関数
$f(x), f_X(x)$：密度関数，X の密度関数
$F_n(x)$：経験分布関数
h：バンド幅 ($h \to 0, nh \to \infty$)
$f_h^*(x)$：ヒストグラム
MSE：平均二乗誤差
AMSE：漸近平均二乗誤差
AMISE：漸近平均積分二乗誤差
MISE：平均積分二乗誤差
$||f||_2$：関数空間のノルム ($||f||_2^2 = \int_{\mathbf{R}} \{f(x)\}^2 dx$)
$K(x)$：カーネル関数
σ_K^2：カーネル関数の分散 ($\sigma_K^2 = \int_{\mathbf{R}} u^2 K(u) du$)
$\widehat{f}_n(x)$：カーネル型密度関数推定量
$\widehat{F}_n(x)$：カーネル型分布関数推定量
$W(x)$：$W(x) = \int_{-\infty}^x K(u) du$
W_i：$W_i = W\left(\frac{x-X_i}{h}\right)$
$H(x)$：ハザード関数
$H_u(x)$：超過分布関数
S：符号検定
W_{cox}^+：ウィルコクソンの符号付き順位検定
MW：マン・ホイットニー検定
M：メディアン検定
KS_n：コルモゴロフ・スミルノフ検定
CvM_n：クラーメル・フォンミーゼス検定
MRL：平均余命関数
$m_x(t)$：余命関数
$S_X(t)$：生存関数
$\mathbb{S}_X(t)$：累積生存関数

目　次

第1章　密度関数の推定　　1
1.1　ヒストグラム … 1
1.2　カーネル型推定 … 6
1.2.1　カーネル型密度関数推定量 … 7
1.2.2　漸近的性質とバンド幅の選択 … 9
1.2.3　密度関数推定量のエッジワース展開 … 13
1.2.4　クロス・バリデーションによるバンド幅の選択 … 16
1.3　バイアスの縮小 … 18
1.3.1　高次オーダー・カーネルによるバイアスの縮小 … 19
1.3.2　非負性を保つバイアス修正 … 20
1.3.3　一般化ジャックナイフ法 … 21
1.4　多次元密度関数の推定 … 25

第2章　分布関数の推定とエッジワース展開　　29
2.1　分布関数推定量 … 29
2.1.1　エッジワース展開 … 34
2.1.2　シミュレーション … 42
2.1.3　分布関数推定量の Terrell & Scott 型バイアス縮小 … 42

第3章　統計的推測への応用　　46
3.1　ノンパラメトリック回帰 … 46
3.1.1　ナダラヤ・ワトソン推定 … 47
3.1.2　シングル・インデックスモデル … 54
3.1.3　分位点のカーネル型推定 … 56
3.1.4　標準化分位点推定量のエッジワース展開 … 57

	3.1.5 ハザード関数の推定	*61*
	3.1.6 コルモゴロフ・スミルノフ検定	*63*
	3.1.7 超過分布関数の推定	*66*
3.2	順位検定の連続化	*69*
	3.2.1 一標本順位検定	*70*
	3.2.2 二標本順位検定	*75*
3.3	密度比の推定	*81*
	3.3.1 自然な密度比の推定	*81*
	3.3.2 直接型推定量	*82*

第4章 境界バイアス *86*

4.1 非対称カーネルによる境界バイアスの改善 *86*
4.2 データの変換による改善 *90*
　4.2.1 密度関数の推定 *90*
　4.2.2 分布関数の推定の改善とその応用 *91*

参考文献　　　　　　　　　　　　　　　　　　　　　　　　　*111*

索　引　　　　　　　　　　　　　　　　　　　　　　　　　　*115*

…

第1章

密度関数の推定

統計的推測において密度関数の形状を推定するときには，記述統計の代表であるヒストグラムがよく利用される．しかしヒストグラムの作成には下記に述べるようにいくつか問題点があり，また他の統計的推測の道具として利用するのは難しい面もある．これらを解消して，他の推測にも応用できるような統計的方法としてカーネル型推定が有用である．これはノンパラメトリックな方法として注目を浴びて，研究が深化されている．本章ではヒストグラムとカーネル型密度関数推定量の基本的な性質を紹介する．

1.1 ヒストグラム

滑らかな推測結果を与えるカーネル型密度関数推定量を解説する前に，ヒストグラムの性質を最初に考察する．密度関数を対象とするから，ここでは母集団分布は連続型とする．$X_1, X_2, \ldots, X_n$ を互いに独立で同じ分布 $F(\cdot)$ に従う確率変数（無作為標本）で，密度関数 $f(\cdot)$ を持つものとする．ノンパラメトリックな分布関数の推定としては**経験分布関数**

$$F_n(x) = \frac{1}{n} \sum_{i=1}^{n} I(X_i \leq x)$$

が不偏で一致性を持つ推定量としてよく利用される．ただし

$$I(C) = \begin{cases} 1, & C \text{ が真のとき} \\ 0, & C \text{ が偽のとき} \end{cases}$$

は定義関数である．簡単な計算より

$$E[F_n(x)] = F(x), \qquad V[F_n(x)] = \frac{F(x)\{1 - F(x)\}}{n}$$

が示せる．

　密度関数の推定は母集団分布の形状の把握，尤度比の推定，条件付き密度関数の推定，ハザード関数の推定などで必要になる．しかし経験分布関数は階段関数なので微分不可能となり，単純に密度関数の推定量を構成できない．視覚に訴える密度関数のシンプルな推定である**ヒストグラム（棒グラフ）**についてまず解説する．ヒストグラムは単純ではあるが，効率はあまりよくない．また，柱（棒）は**ビン**と呼ばれるが，作図においてはビンの幅とその個数を決めるための基準などの議論が重要になる．作成方法は

- 基準点 x_0 を決めて，ビン幅 h に対して

$$A_j = [x_0 + (j-1)h,\ x_0 + jh), \quad j \in \mathbf{Z}$$

の区間を決める（ただし $\mathbf{Z}$ は整数全体を表す）．
- 区間 A_j の中に含まれるデータの個数 n_j を数える．
- 相対度数

$$f_j = \frac{n_j}{nh}$$

を計算する．
- 高さ f_j の棒を書く．

の手順で行う．ビン幅 h の選択によって，見た目の異なるヒストグラムとなる．

　次に**平均二乗誤差**の意味で最適な h の決定法について考察していく．ヒストグラムを密度関数の推定の観点からみると，任意の $x \in \mathbf{R}$ に対し

て

$$f_h^*(x) = \frac{1}{nh}\sum_{i=1}^n I(X_i \in A_j)I(x \in A_j) \qquad (1.1)$$

となる．A_j の中央の値を a_j とすると，$A_j = \left[a_j - \frac{h}{2},\ a_j + \frac{h}{2}\right)$ となり，$x \in A_j$ に対して

$$f_h^*(x) = f_h^*(a_j)$$

となる．ヒストグラムの総面積は 1 となるが，推定された密度関数は各ビンの端点において不連続であり，微分不可能である．

式 (1.1) の推定量は次のようにして正当化することができる．X を X_i と同じ分布に従う確率変数とすると

$$P\left(X \in \left[a_j - \frac{h}{2}, a_j + \frac{h}{2}\right)\right) = \int_{a_j - h/2}^{a_j + h/2} f(u)du \approx f(a_j) \times h$$

となる．無作為標本による上記の確率の推定は

$$\frac{1}{n}\sum_{i=1}^n I\left(X_i \in \left[a_j - \frac{h}{2},\ a_j + \frac{h}{2}\right)\right)$$

で与えられる．したがって密度関数の値 $f(a_j)$ の推定量として

$$f_h^*(a_j) = \frac{1}{nh}\sum_{i=1}^n I\left(X_i \in \left[a_j - \frac{h}{2},\ a_j + \frac{h}{2}\right)\right)$$

が得られる．

ヒストグラムは始点 x_0 およびビン幅 h の選び方により推定結果はかなり異なったものになる．まずビン幅の影響を見るために $h \to 0$ のときの密度関数の推定量としてのバイアスと分散を求める．始点を $x_0 = 0$ として，$x \in A_j = [(j-1)h,\ jh)$ を固定して考えると

$$f_h^*(x) = \frac{1}{nh} \sum_{i=1}^n I(X_i \in A_j)$$

となる．よって

$$E[f_h^*(x)] = \frac{1}{h} P(X_i \in A_j) = \frac{1}{h} \int_{(j-1)h}^{jh} f(u) du$$

となる．ここで $f^{(2)}(\cdot)$ が有界と仮定すると，テイラー展開より

$$E[f_h^*(x)] = \frac{1}{h} \int_{(j-1)h}^{jh} \left\{ f(x) + f'(x)(u-x) + O(h^2) \right\} du$$
$$= f(x) - f'(x)(x - jh) + \frac{1}{2} h f'(x) + O(h^2)$$

が得られる．よってバイアスは

$$\frac{1}{2} h f'(x) - f'(x)(x - jh) + O(h^2) \tag{1.2}$$

となる．

次に分散を考えると．ベルヌーイ分布の分散は $p = \int_{A_j} f(u) du$ とおくと $p(1-p)$ だから

$$V[f_h^*(x)] = \frac{1}{n^2 h^2} \sum_{i=1}^n V[I(X_i \in A_j)]$$
$$= \frac{1}{nh^2} \int_{A_j} f(u) du \left\{ 1 - \int_{A_j} f(u) du \right\}$$

となる．ここで $f^{(2)}(\cdot)$ が有界で $u, x \in A_j$ を仮定しているから $|f(u) - f(x)| = O(h)$ となり

$$\frac{1}{h} \int_{A_j} f(u) du = \frac{1}{h} \int_{(j-1)h}^{jh} \left\{ f(u) - f(x) \right\} du + f(x) = f(x) + O(h)$$

が得られる．上式を別の見方をすると $\int_{A_j} f(u) du = O(h)$ となる．以上より

$$V[f_h^*(x)] = \frac{1}{nh}f(x) + O\left(n^{-1}\right) \tag{1.3}$$

となる.式 (1.2), (1.3) より平均二乗誤差は

$$\mathrm{MSE}[f_h^*(x)] = \frac{1}{nh}f(x) + \frac{1}{4}h^2\left\{f'(x)\right\}^2 + \left\{f'(x)\right\}^2(x-jh)^2$$
$$- \left\{f'(x)\right\}^2(x-jh) + O\left(n^{-1}+h^2\right)$$

である.上記の結果より,$x \in A_j$ に対して**漸近平均二乗誤差** (AMSE, asymptotic mean squared error) は

$$\mathrm{AMSE}\left[f_h^*(x)\right] \tag{1.4}$$
$$= \frac{1}{nh}f(x) + \frac{1}{4}h^2\left\{f'(x)\right\}^2 + \left\{f'(x)\right\}^2(x-jh)^2 - \left\{f'(x)\right\}^2(x-jh)$$

で与えられ,平均二乗誤差は $\mathrm{MSE}\left[f_h^*(x)\right] = \mathrm{AMSE}\left[f_h^*(x)\right] + O(n^{-1}+h^2)$ となる.

次に最適なビン幅を決めるため**漸近平均積分二乗誤差** (AMISE, asymptotic mean integrated squared error) を求める.ここで数値積分の定義より

$$\sum_{j=-\infty}^{\infty}\int_{jh}^{jh+h}\left\{f'(x)\right\}^2(x-jh)^2 dx$$
$$= \sum_{j=-\infty}^{\infty}\int_{0}^{h}\left\{f'(y+jh)\right\}^2 y^2 dy$$
$$= \sum_{j=-\infty}^{\infty}\int_{0}^{h}\left[\left\{f'(jh)\right\}^2 + O(h)\right]y^2 dy$$
$$= \frac{1}{3}h^2\int_{-\infty}^{\infty}\left\{f'(x)\right\}^2 dx + O(h^3).$$

同様にして

$$-\sum_{j=-\infty}^{\infty}\int_{jh}^{jh+h}\left\{f'(x)\right\}^2(x-jh)dx = -\frac{1}{2}h^2\int_{-\infty}^{\infty}\left\{f'(x)\right\}^2 dx + O(h^3)$$
$$= -\frac{1}{2}h^2\parallel f'\parallel_2^2 + O(h^3)$$

が成り立つ.したがって漸近平均積分二乗誤差は

$$\mathrm{AMISE}(f_h^*) = \frac{1}{nh} + \frac{h^2}{12} \parallel f' \parallel_2^2$$

で与えられる．

この $\mathrm{AMISE}(f_h^*)$ は h の 2 次式であるから，これを最小にする h を求めるために，微分して

$$\frac{\partial \{\mathrm{AMISE}(f_h^*)\}}{\partial h} = -\frac{1}{nh^2} + \frac{1}{6}h \parallel f' \parallel_2^2 = 0$$

を解くと最適なビン幅

$$h_o = \left(\frac{6}{n \parallel f' \parallel_2^2} \right)^{1/3}$$

が得られる．この最適なビン幅のオーダーは $n^{-1/3}$ であるが，定数項は未知の量 $\parallel f' \parallel_2^2$ に依存する．これは推定したい密度関数に関係する量でこの値も推定する必要がある．このほかにも，ビン幅を決める方法には**クロス・バリデーション**（cross validation，**交差検証法**）があるが，ここでは説明を省略する．

ビン幅はヒストグラムの形状に大きな影響を与える．また始点 x_0 の選び方により，形状が変化する弱点もある．さらに，ヒストグラムによる密度関数の推定は滑らかな推定ではないという欠点があり，正規近似の改良である（形式的な）**エッジワース展開** (Edgeworth expansion) を求めることは可能であるが，その展開の有効性を示すことはできない．次に述べるカーネル型推定は滑らかな推測結果が得られるということで有用であるし，エッジワース展開の有効性を証明することもできる．

1.2　カーネル型推定

確率密度関数を滑らかに推測するノンパラメトリックな手法として**カーネル型推定量**がよく利用される．この方法は Fix & Hodges (1951) や Akaike (1954) によって導入されて，Rosenblatt (1956) や Parzen (1962) などによりその性質が議論され，現在も盛んに研究されている．この手法

は多次元に拡張され，条件付き密度関数，それに基づくノンパラメトリック回帰の研究へと発展してきた．ノンパラメトリック回帰の初期のものは Nadaraya (1964) と Watson (1964) により導入されて**ナダラヤ・ワトソン推定量**として定着している．その後，分布関数や**ハザード関数**の推定など様々な拡張がなされている．また，密度関数のサポートが実数全体ではないときに，サポートの境界付近でバイアスが残って一致性が成り立たなくなる**境界バイアス**問題の解消の取り組みも種々行われ，有用な研究成果が得られている．

1.2.1 カーネル型密度関数推定量

カーネル法はノンパラメトリックな設定の下での密度関数の推定として Akaike (1954)，Rosenblatt (1956) らによって経験分布関数をもとに提案されその性質が研究されている．彼らは密度関数の推定量として

$$f_n(x) = \frac{F_n(x+h) - F_n(x-h)}{2h}$$

を提案した．この推定量は経験分布関数が階段関数であるために $f_n(\cdot)$ が滑らかではないという難点と，区間幅を決める h をどのように選べばよいかという問題があった．このような問題を解決するために観測数に依存させて h を選ぶと共に，滑らかさを持つ推定量のクラスであるカーネル型推定量が提案された．n に依存するカーネル関数 $K_n(\cdot,\cdot)$ に対してカーネル型密度関数推定量は

$$\widehat{f}_n(x) = \int_{-\infty}^{\infty} K_n(x,y) dF_n(y)$$

で与えられる．この推定量を書き換えると

$$\widehat{f}_n(x) = \frac{1}{n} \sum_{i=1}^{n} K_n(x, X_i)$$

となる．カーネル関数の典型的な選び方は関数 $K(\cdot)$ を考えて

$$K_n(x,y) = \frac{1}{h} K\left(\frac{x-y}{h}\right)$$

第1章　密度関数の推定

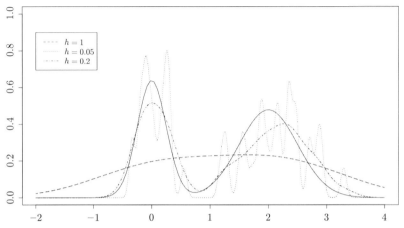

図 1.1　バンド幅 h の選択（実線：真の関数，点線 $\cdots$：$h = 0.05$，一点鎖線 $-\cdot-\cdot-$：$h = 0.2$，破線 $---$：$h = 1.0$)

とおくものである．ここで $h = h_n$ は**バンド幅** (bandwidth) あるいは**平滑化パラメータ** (smoothing parameter) と呼ばれ，n を大きくするときに $h \to 0, nh \to \infty$ となる数列である．簡単のために n を省略して h を使う．このバンド幅の選択によって推定量 $\widehat{f}_n(\cdot)$ の形状や収束のオーダーは大きく変化する．

図 1.1 は，母集団の分布関数が $0.4 F_{N(0,1)}(x) + 0.6 F_{N(2,4)}(x)$ の混合正規分布のとき，ガウス型カーネルを利用して推定したものである．ただし $F_{N(\mu,\sigma^2)}(x)$ な正規分布 $N(\mu, \sigma^2)$ の分布関数である．標本数は $n = 50$ でバンド幅は $h = 0.05, 0.2, 1.0$ の 3 通りの推定を行なった．バンド幅の選択は推定した密度の形状に大きな影響を与えることがわかる．$\widehat{f}_n(\cdot)$ が密度関数となるためには，密度は非負で $\mathbf{R}$ での積分が 1 となることから，**カーネル関数** $K(\cdot)$ は

$$K(u) \geq 0, \quad \int_{-\infty}^{\infty} K(u) du = 1$$

の条件を満たすことになる．この仮定に加えて

$$\int_{-\infty}^{\infty} u K(u) du = 0, \quad 0 < \sigma_K^2 = \int_{-\infty}^{\infty} u^2 K(u) du < \infty$$

表 1.1　2次オーダー・カーネル関数

	$K(u)$
一様型	$\frac{1}{2}I(\|u\| \leq 1)$
三角型	$(1-\|u\|)I(\|u\| \leq 1)$
イパネクニコフ	$\frac{3}{4}(1-u^2)I(\|u\| \leq 1)$
ガウス型	$(2\pi)^{-1/2}e^{-u^2/2}$

の条件を満たす**2次オーダー・カーネル**と呼ばれる関数がよく利用される．もし $K(-u) = K(u)$ が成り立つ**対称カーネル**であれば

$$\int_{-\infty}^{\infty} uK(u)du = -\int_{-\infty}^{\infty} tK(t)dt$$

が成り立つから，$\int uK(u) = 0$ となり，2次オーダー・カーネル関数である．代表的な関数としては表1.1のようなものがある．密度関数の推定としては非負のカーネル関数が望ましいが，バイアスの縮小が重要な場合は負の値をとるカーネル関数を使用することもある．イパネクニコフ・カーネルは2次オーダーの多項式カーネル関数の中で，後述する漸近平均二乗誤差の式 (1.6) を最小化するものになっている．

1.2.2　漸近的性質とバンド幅の選択

ノンパラメトリック推測の研究では，母集団分布を特定せずにモーメントの評価を使って手法の性質を議論することが多い．このようなときに有用なものがマルチンゲールに対するモーメント評価である．まず Dharmadhikari *et al.* (1968) によるマルチンゲールに対するモーメントの評価を準備する．確率変数列 $\{Y_n\}_{n=0,1,2,...}$ に対して

$$E[Y_n|Y_0, Y_1, Y_2, \ldots, Y_{n-1}] = Y_{n-1} \quad a.s.$$

が成り立つとき，（フォワード）**マルチンゲール**であるという．

このマルチンゲールに対して，次の評価が得られる．

補題 1.2.1

$\{Y_n\}_{n=0,1,2,\ldots}$ はマルチンゲールで，$X_k = Y_k - Y_{k-1}\,(k=1,2,\ldots)$ とおく．このとき $2 \leq r$ に対して $E(|X_k|^r) < \infty\,(1 \leq k \leq n)$ ならば

$$E(|Y_n|^r) \leq C_r n^{(r/2)-1} \sum_{k=1}^{n} E(|X_k|^r) \tag{1.5}$$

が成り立つ．ただし $C_r = [8(r-1)\max(1, 2^{r-3})]^r$ である．

推定量 $\widehat{f}_n(x)$ の漸近的な性質の議論には $f(x)$ 周りの高次モーメントの評価を利用するので，次の補題を準備する．他の推測の評価でも同じような手法を使うので証明を付けておく．

補題 1.2.2

$f(x)$ は 3 回連続微分可能で $f^{(3)}(x)$ は有界とする．バンド幅は，$n \to \infty$, $h \to 0$ かつ $nh \to \infty$ を満たし，$K(\cdot)$ は原点に対して対称なカーネルで，$p \geq 2$ に対して $\int |u|^p |K(u)|^p du < \infty$ かつ $\int |K(u)|^p du < \infty$ とする．このとき

$$E\left[|\widehat{f}_n(x) - f(x)|^p\right] = O\left(n^{-p/2} h^{1-p}\right) + O(h^{2p})$$

が成り立つ．

証明 $\widehat{f}_n(x)$ は互いに独立で同じ分布に従う確率変数の平均であるから，補題 1.2.1 を利用して証明することができる．$\widehat{f}_n(x)$ はバイアスがあるので次の分解

$$\begin{aligned}&\widehat{f}_n(x) - f(x)\\&= \widehat{f}_n(x) - E\left[\frac{1}{h}K\left(\frac{x-X_1}{h}\right)\right] + E\left[\frac{1}{h}K\left(\frac{x-X_1}{h}\right)\right] - f(x)\end{aligned}$$

を考える．$K(\cdot)$ は対称カーネルなので

$$E\left[\frac{1}{h}K\left(\frac{x-X_1}{h}\right)\right] - f(x) = \frac{\sigma_K^2 h^2}{2} f^{(2)}(x) + O(h^3)$$

が成り立つ．ここで $\sigma_K^2 = \int u^2 K(u) du$ である．変数変換 $t = (x-u)/h$ を使うと，仮定 $\int |u|^p |K(u)|^p du < \infty$ および $f^{(3)}(x)$ が有界より

$$E\left|\frac{1}{h}K\left(\frac{x-X_1}{h}\right)\right|^p$$
$$=h^{-p}\int_{-\infty}^{\infty}\left|K\left(\frac{x-u}{h}\right)\right|^p f(u)du$$
$$=h^{1-p}\int_{-\infty}^{\infty}|K(t)|^p f(x-th)dt$$
$$=h^{1-p}\int_{-\infty}^{\infty}|K(t)|^p\left\{f(x)-htf'(x)+\frac{h^2t^2}{2}f^{(2)}(x)-O(h^3)t^3\right\}dt$$
$$=O(h^{1-p})$$

が成り立つ．したがってマルチンゲールに対するモーメントの評価を使うと $p \geq 2$ に対して

$$E\left|\widehat{f}_n(x)-E\left[\frac{1}{h}K\left(\frac{x-X_1}{h}\right)\right]\right|^p \leq cn^{-p/2}h^{1-p}$$

となる．よって

$$E\left[\left|\widehat{f}_n(x)-f(x)\right|^p\right] \leq 2^{p-1}E\left|\widehat{f}_n(x)-E\left[\frac{1}{h}K\left(\frac{x-X_1}{h}\right)\right]\right|^p$$
$$+2^{p-1}\left|E\left[\frac{1}{h}K\left(\frac{x-X_1}{h}\right)\right]-f(x)\right|^p$$
$$=O\left(n^{-p/2}h^{1-p}\right)+O(h^{2p})$$

が成り立つ． □

これを利用すると $\widehat{f}_n(x)$ のバイアスと分散は次の定理で与えられ，カーネル型推定量は一致性を持つことがわかる．ここで関数 $g(\cdot)$ に対して

$$R(g)=\int_{-\infty}^{\infty}\{g(u)\}^2 du$$

と定義する．補題 1.2.2 と同様の計算を行なうと次の漸近平均二乗誤差が得られる．

定理 1.2.1

$f(u)$ は 3 回連続微分可能で $f^{(3)}(u)$ は有界とする．バンド幅は，$n\to\infty$, $h\to 0$ かつ $nh\to\infty$ を満たし，$K(\cdot)$ は 2 次オーダー・カーネルで，$\sigma_K^2=\int u^2 K(u)du$, $R(K)$, $\int |u|^3[K(u)]^\ell du\,(\ell=1,2)$ は存在すると仮定

する．このとき期待値と分散は

$$E\left[\widehat{f}_n(x)\right] = f(x) + \frac{h^2\sigma_K^2 f^{(2)}(x)}{2} + O(h^3),$$
$$V[\widehat{f}_n(x)] = \frac{f(x)R(K)}{nh} + O(n^{-1})$$

となる．したがって漸近平均二乗誤差は

$$\text{AMSE}\left[\widehat{f}_n(x)\right] = \frac{f(x)R(K)}{nh} + \frac{h^4\sigma_K^4\{f^{(2)}(x)\}^2}{4} \tag{1.6}$$

で与えられる．

ここで

$$E\left[\{\widehat{f}_n(x) - f(x)\}^2\right] = V[\widehat{f}_n(x)] + \left\{E\left[\widehat{f}_n(x)\right] - f(x)\right\}^2$$

であるから $E[\{\widehat{f}_n(x) - f(x)\}^2] \longrightarrow 0 \ (n \to \infty)$ となり，二乗平均収束する．よって

$$\widehat{f}_n(x) \xrightarrow{p} f(x) \quad (n \to \infty)$$

の一致性が成り立つ．

上記の定理 1.2.1 でわかるように，カーネル型密度関数推定量のバイアスを小さくするには h を小さくすればよいが，h が小さな値になると，分散は大きくなるというトレード・オフの関係がある．この定理を利用して x の全領域で積分すると漸近平均積分二乗誤差を求めることができる．式 (1.6) を積分すると

$$\text{AMISE}(\widehat{f}_n) = \int_{-\infty}^{\infty}\left[\frac{f(x)R(K)}{nh} + \frac{h^4\sigma_K^4\{f^{(2)}(x)\}^2}{4}\right]dx$$
$$= \frac{R(K)}{nh} + \frac{h^4\sigma_K^4 R(f^{(2)})}{4}$$

が得られて，この AMISE を h で微分して $= 0$ とおくと，最適なバンド幅は

$$h^* = \left[\frac{R(K)}{\sigma_K^4 R(f^{(2)})}\right]^{1/5} n^{-1/5}$$

となる.

この最適なバンド幅を使うと,$\widehat{f}_n(x)$ は互いに独立で同じ分布に従う確率変数の平均であるから,分散の収束のオーダーを考慮すると,漸近正規性は $\sqrt{nh}$ を掛けて次のように成り立つ.

定理 1.2.2

定理 1.2.1 と同じ仮定の下で,$h = cn^{-1/5}$ のとき

$$\sqrt{nh}\left(\widehat{f}_n(x) - f(x)\right) \xrightarrow{d} N\left(\frac{1}{2}c^{5/2}\sigma_K^2 f^{(2)}(x), f(x)R(K)\right) \quad (n \to \infty)$$

となる.

さきに見たように,バンド幅の選択は推定した関数の形状に大きな影響を与える.また漸近平均積分二乗誤差を最小にする h^* は推定すべき密度関数 $f(\cdot)$ の 2 階微分に依存する.h の選択法としては,Rudemo (1982) の**クロス・バリデーション**に基づく方法,Hall (1983) や Stone (1984) らによる**プラグ・イン法**などが提案され,その理論的な性質も明らかにされている.1.2.4 項でクロス・バリデーションの考え方によるバンド幅の決定法を議論する.

1.2.3 密度関数推定量のエッジワース展開

カーネル型密度関数推定量は互いに独立で同じ分布に従う確率変数の平均であるから中心極限定理が成り立ち,複雑になるがエッジワース展開を求めることができる.ここで標準化したときの独立で同一分布に従う確率変数を,$j = 1, 2, \ldots, n$ に対して

$$Z_{n,j} = \frac{h^{-1}K\left(\frac{x-X_j}{h}\right) - h^{-1}\int K\left(\frac{x-y}{h}\right)f(y)dy}{\sqrt{V\left\{h^{-1}K\left(\frac{x-X_1}{h}\right)\right\}}}$$

とおく.このとき標準化したカーネル型密度関数推定量は

$$S_n = \frac{\sqrt{n}\{\widehat{f}_n(x) - h^{-1}E[\widehat{f}_n(x)]\}}{\sqrt{V\left\{h^{-1}K\left(\frac{x-y}{h}\right)\right\}}} = \frac{1}{\sqrt{n}}\sum_{j=1}^n Z_{n,j}$$

と表せる．ここで次の記号を準備する．

$$\mu_{n,k} = E(Z_{n,j}^k), \qquad \kappa_{n,3} = \mu_{n,3} - 3\mu_{n,1}\mu_{n,2} + 2\mu_{n,1}^3.$$

さらにエッジワース展開に現れる項

$$m_1 = \frac{\int K(z)^3 dz}{\{f(x)\}^{1/2} \left\{\int K(z)^2 dz\right\}^{3/2}}, \quad m_2 = \frac{\int z^2 K(z) f^{(2)}(x) dz}{2\sqrt{f(x) \int K(z)^2 dz}},$$

$$m_3 = -\frac{\int z^3 K(z) f^{(3)}(x) dz}{6\sqrt{f(x) \int K(z)^2 dz}}$$
$$+ \frac{\{f'(x) \int zK(z)^2 dz + f(x)\} \int z^2 K(z) f^{(2)}(x) dz}{4\left\{f(x) \int K(z)^2 dz\right\}^{3/2}}$$

を準備しておく．このとき μ_k の近似は下記のように求めることができる．すなわち

$$\mu_{n,1} = 0, \quad \mu_{n,2} = 1, \quad \mu_{n,3} = E(Z_{n,j}^3) = h^{-1/2} m_1 + O(h^{1/2})$$

である．

$\varphi_{S_n}(t), \varphi_{Z_{n,1}}(t)$ を S_n および $Z_{n,1}$ の特性関数とすると

$$\varphi_{S_n}(t) = \left\{\varphi_{Z_{n,1}}\left(\frac{t}{\sqrt{n}}\right)\right\}^n$$

が得られる．この近似を反転させることによって，エッジワース展開を求めることができる．すなわち，S_n の分布関数を近似する

$$G_1(y) = \Phi(y) + n^{-1/2} \phi(y) Q_{n,1}(y)$$

が得られる．ただし

$$Q_{n,1}(y) = -\frac{\kappa_{n,3}}{6} H_2(y)$$

であり，$H_2(y) = y^2 - 1$ はエルミート多項式で，$\phi(y)$ は標準正規分布 $N(0,1)$ の密度関数である．通常の標本平均 $\frac{1}{n}\sum_{j=1}^n X_j$ のエッジワース展開が数学的な近似になっていること，すなわち**有効性** (validity) が成り立つためには，次の**クラーメル条件**が必要である．

$$\lim_{|t|\to\infty}|E((itX_j))|<1.$$

これは X_j が連続型の分布のときには成り立つが，二項分布のような離散型の分布では成り立たない．ここでは $Z_{n,j}$ は n に依存しているから，直接単純な標本平均に対する結果を適用することはできない．しかしながら，X_j は連続型確率変数であり，$K(\cdot)$ は積分して 1 となることから，クラーメル条件に相当する下記の不等式が成り立つ．

補題 1.2.3

点 x は $f(\cdot)$ のサポートの内点とし，$f(\cdot)$ はサポートの内点で 2 回微分可能で $f^{(2)}(x)$ は連続とする．このとき $\delta>0$ に対して正の定数 $D(x,\delta)$ が存在して

$$\sup_{|t|>\delta}\left|E\left[\exp\left\{i\frac{t}{h_n^{1/2}}K\left(\frac{x-X_1}{h_n}\right)\right\}\right]\right|<1-h_nD(x,\delta)$$

が成り立つ．この補題では h が n に依存することを明示するために h_n を用いて表現している．

この補題はエッジワース展開の有効性を証明するときのクラーメル条件に対応する式である．これを利用すると標準化した S_n に対して次のことが成り立つ．

定理 1.2.3

4 階導関数 $f^{(4)}$ が存在し，$K(u)$ は 2 次オーダー・カーネルで $\int_{-\infty}^{\infty}|K^\ell(u)|du<\infty$ ($\ell=1,2,\ldots,4$) と仮定する．このときバンド幅 $h=cn^{-1/4}$ ($c>0$) に対して

$$\sup_y\left|P(S_n\leq y)-G_1(y)\right|=o(n^{-1/2})$$

が成り立つ．

さらに $E[\widehat{f}_n(x)]-f(x)$ のバイアスを考慮して，エッジワース展開の明示的な表現を求めると次の定理が成り立つ．

定理 1.2.4

定理 1.2.3 の条件の下で

$$P\left(\frac{\sqrt{n}\{\widehat{f}_n(x)-f(x)\}}{\sqrt{Var\{\frac{1}{h}K\left(\frac{x-X_1}{h}\right)\}}}\leq y\right)=\Phi(y)+C_1+C_2+o(n^{-1/2})$$

となる．ただし

$$C_1=-\phi(y)n^{1/2}h^{5/2}m_2+\frac{1}{2}\phi'(y)nh^5m_2^2-\phi(y)n^{1/2}h^{7/2}m_3$$
$$-\frac{1}{6}\phi^{(2)}(y)n^{3/2}h^{15/2}m_2^3+\phi'(y)nh^6m_2m_3+\frac{1}{24}\phi^{(3)}(y)n^2h^{10}m_2^4,$$
$$C_2=-\frac{1}{6}n^{-1/2}h^{-1/2}\phi(y)(y^2-1)m_1$$

である（Umeno & Maesono (2013) を参照）．

$o(n^{-1/2})$ の誤差までのエッジワース展開は比較的簡単な形をしている．Umeno & Maesono (2013) では $o(n^{-3/4})$ の誤差までのエッジワース展開を求めているが，複雑である．統計的推測でよく利用されるのは $o(n^{-1})$ までの展開であるが，かなり複雑な展開となる．しかし展開の有効性は補題 1.2.3 を利用すると証明することができる．

1.2.4 クロス・バリデーションによるバンド幅の選択

クロス・バリデーションは様々な推測問題においてハイパー・パラメータ（ここではバンド幅 h）などをノンパラメトリックに決定するための手法として広く利用されている．これは統計的リサンプリング法であるジャックナイフ法の一種と見なせるもので，ジャックナイフ法の計算に慣れていれば，理解が深まるものである．機械学習においては過適合の問題や予測においてよく利用されているが，その理論的な性質は個々の問題で少しずつ明らかにされている状況である．ここではクロス・バリデーションを利用した最小二乗誤差の推定に基づいて，最適なバンド幅の選択を考察する．平均積分二乗誤差

$$\mathrm{MISE}(h) = E\left[\int_{-\infty}^{\infty}\left\{\widehat{f}_n(x) - f(x)\right\}^2 dx\right] \tag{1.7}$$

を最小にする h を最適なバンド幅とすると，これは未知の密度関数 $f(\cdot)$ に依存するものになる．この式 (1.7) を変形すると

$$\mathrm{MISE}(h) = E\left[\int_{-\infty}^{\infty}\left\{\widehat{f}_n(x)^2 - 2\widehat{f}_n(x)f(x)\right\}dx\right] + \int_{-\infty}^{\infty} f(x)^2 dx$$

となる．最後の項は h には無関係なので

$$J(h) = E\left[\int_{-\infty}^{\infty} \widehat{f}_n(x)^2 dx\right] - 2E\left[\int_{-\infty}^{\infty} \widehat{f}_n(x)f(x)dx\right]$$

を最小にするバンド幅の選択になる．これらの不偏推定量の構成を考える．第一項の推定量は

$$\int_{-\infty}^{\infty} \widehat{f}_n(x)^2 dx$$

である．第二項について計算すると

$$E\left[\int_{-\infty}^{\infty} \widehat{f}_n(x)f(x)dx\right] = \int_{-\infty}^{\infty}\int_{-\infty}^{\infty} \frac{1}{h}K\left(\frac{x-y}{h}\right)f(x)f(y)dxdy$$

となる．ここで X_i を除いた $n-1$ 個の標本に基づく対応するカーネル型密度関数推定量を

$$\widehat{f}_{n:-i}(x) = \frac{1}{n-1}\sum_{j \neq i}^{n} \frac{1}{h}K\left(\frac{x-X_j}{h}\right) \tag{1.8}$$

とおくと $E[\int \widehat{f}_n(x)f(x)dx]$ の不偏推定量が下記のように構成できる．ジャックナイフ法では式 (1.8) の h は $h = h_{n-1}$ とすべきであるが，簡単のために同じ h_n を使う．

補題 1.2.4

カーネル関数 $K(\cdot)$ と密度関数 $f(\cdot)$ および $h > 0$ に対して

$$\int_{-\infty}^{\infty} f^2(x)dx < \infty, \quad \iint_{\mathbf{R}^2} \left|K\left(\frac{x-y}{h}\right)\right| f(x)f(y)dxdy < \infty$$

と仮定する．このとき

$$\frac{1}{n}\sum_{i=1}^{n}\widehat{f}_{n:-i}(X_i)$$

は

$$\iint_{\mathbf{R}^2}\frac{1}{h}K\left(\frac{x-y}{h}\right)f(x)f(y)dxdy$$

の不偏推定量である.

証明 期待値の線形性より

$$E\left[\frac{1}{n}\sum_{i=1}^{n}\widehat{f}_{n:-i}(X_i)\right] = E[\widehat{f}_{n:-1}(X_1)]$$
$$= E\left[\frac{1}{h}K\left(\frac{X_1-X_2}{h}\right)\right]$$
$$= \iint_{\mathbf{R}^2}\frac{1}{h}K\left(\frac{x-y}{h}\right)f(x)f(y)dxdy$$

となり,不偏推定量となっている. □

したがって $J(h)$ の不偏推定量は

$$\mathrm{CV}(h) = \int_{-\infty}^{\infty}\widehat{f}_n(x)^2 dx - \frac{2}{n}\sum_{i=1}^{n}\widehat{f}_{n:-i}(X_i)$$

で与えられる.これを最小にするバンド幅 h を利用すれば平均二乗積分誤差の最小値を与える h となる.

1.3 バイアスの縮小

バイアスの縮小については様々な方法が提案されている.一番簡単なのはカーネルの非負性を犠牲にした高次オーダー・カーネルを使う方法である.この場合には標本数 n が小さいと密度関数が負の値を取り得ることになる.これを回避するために,絶対値を付けた推定量を使い,全体で 1 となるように定数倍する方法も提案されている.また非負を維持しなが

1.3 バイアスの縮小

らバイアスを縮小する Terrell & Scott(1980) の方法も提案されているが，**R** 全体での積分が 1 にならないという弱点がある．これを修正して全体で積分して 1 となるような方法も議論されている．またバイアスを修正する代表的な手法である**ジャックナイフ法**を拡張した**一般化ジャックナイフ法**も研究されている．このようにバイアスの縮小には様々な取り組みがなされているが，分散の収束のオーダーの改善は難しくあまり議論されていない．

1.3.1 高次オーダー・カーネルによるバイアスの縮小

カーネル関数 $K(\cdot)$ を負の値を取り得るとする．ここで

$$\mu_j(K) = \int_{-\infty}^{\infty} u^j K(u) du$$

とおき

$$\mu_j(K) = 0, j = 1, \ldots, \ell - 1, \quad \mu_\ell(K) \neq 0$$

が成り立つとき，$K(\cdot)$ を **ℓ-次オーダー・カーネル**と呼ぶ．このカーネル $K_\ell(\cdot)$ を使うと

$$E\left[\frac{1}{h} K_\ell\left(\frac{x - X_1}{h}\right)\right] = f(x) + (-1)^\ell \frac{\mu_\ell(K_\ell)}{\ell!} h^\ell f^{(\ell)}(x) + o(h^\ell)$$

となる．分散については変わらないので，漸近平均積分二乗誤差は

$$\text{AMISE}(\widehat{f}_n) = \frac{R(K_\ell)}{nh} + h^{2\ell} \left\{\frac{\mu_\ell(K_\ell)}{\ell!}\right\}^2 R(f^{(\ell)})$$

となる．このときバンド幅を $O(n^{-1/(2\ell+1)})$ にとると，平均二乗誤差の収束率は $O\left(n^{-2\ell/(2\ell+1)}\right)$ のオーダーまで改善される．この手法の問題点は推定値が負の値を取り得るということである．

高次オーダー・カーネルの構成法についてはいろいろ研究されている．$K(u)$ を原点に対して対称な 2 次オーダー・カーネルとし

$$s_2 = \int_{-\infty}^{\infty} u^2 K(u) du, \quad s_4 = \int_{-\infty}^{\infty} u^4 K(u) du$$

とおく．このとき

とおくと，このカーネル関数は4次オーダー・カーネルとなっている（Jones & Signorini(1997) を参照）．

$$K_{(4)}(u) = \frac{(s_4 - s_2 u^2)K(u)}{s_4 - s_2^2}$$

1.3.2 非負性を保つバイアス修正

正の値を維持しながらバイアスを修正する方法として Terrell & Scott (1980) はバンド幅の違う推定量を利用して，次のような冪乗を利用した推定量を提案した．$K(\cdot)$ を2次オーダー・カーネル関数とし

$$\check{f}_h(x) = \frac{1}{nh} \sum_{i=1}^n K\left(\frac{x - X_i}{h}\right)$$

に対して

$$\widetilde{f}_h(x) = \check{f}_h(x)^{4/3} \check{f}_{2h}(x)^{-1/3} \tag{1.9}$$

とおくと，バイアスを改善しているものになる．なぜならば

$$e_h(x) = E\left[\check{f}_h(x)\right], \qquad Z_h = \check{f}_h(x) - e_h(x)$$

とするとき

$$\check{f}_h(x) = e_h(x) + Z_h, \qquad \check{f}_{2h}(x) = e_{2h}(x) + Z_{2h}$$

となり，Z_h と Z_{2h} は分散が $1/(nh)$ のオーダーの確率変数である．$K(\cdot)$ は2次オーダー・カーネルだから定理 1.2.1 より

$$e_h(x) = f(x) + \frac{h^2 \sigma_K^2 f^{(2)}(x)}{2} + O(h^3),$$

$$e_{2h}(x) = f(x) + \frac{4h^2 \sigma_K^2 f^{(2)}(x)}{2} + O(h^3)$$

となる．よってテイラー展開より

$$\check{f}_h(x)^{4/3}\check{f}_{2h}(x)^{-1/3}$$
$$= \left\{ f(x)^{4/3} + \frac{4}{3}f(x)^{1/3}\left[\frac{h^2\sigma_K^2 f^{(2)}(x)}{2} + Z_h + O(h^3)\right]\cdots \right\}$$
$$\times \left\{ f(x)^{-1/3} - \frac{1}{3}f(x)^{-4/3}\left[\frac{4h^2\sigma_K^2 f^{(2)}(x)}{2} + Z_{2h} + O(h^3)\right]\cdots \right\}$$
$$= f(x) + \frac{4}{3}\left[\frac{h^2\sigma_K^2 f^{(2)}(x)}{2} + Z_h + O(h^3)\right]$$
$$- \frac{1}{3}\left[\frac{4h^2\sigma_K^2 f^{(2)}(x)}{2} + Z_{2h} + O(h^3)\right]$$
$$- \frac{4}{9}f(x)^{-1}h^4\sigma_K^4\{f^{(2)}(x)\}^2 - \frac{2}{9}f(x)^{-1}h^2\sigma_K^2 f^{(2)}(x)Z_{2h}$$
$$- \frac{8}{9}f(x)^{-1}h^2\sigma_K^2 f^{(2)}(x)Z_h - \frac{4}{9}f(x)^{-1}Z_h Z_{2h} + O(h^3)$$

が得られる．ここで $E(Z_h) = E(Z_{2h}) = 0$ で $V(Z_h) = O(1/nh)$, $V(Z_{2h}) = O(1/nh)$ だから

$$E(Z_h Z_{2h}) = O\left(\frac{1}{nh}\right)$$

である．よって期待値の近似は

$$E\left[\check{f}_h(x)^{4/3}\check{f}_{2h}(x)^{-1/3}\right] = f(x) + O\left(h^4 + \frac{1}{nh}\right)$$

となる．したがって式 (1.9) の $\widetilde{f}_h(x)$ のバイアスは h^4 まで改善しており，分散は $\frac{1}{nh}$ のオーダーのままである．この修正法は

$$\{\check{f}_h(x)\}^{a^2/(a^2-1)}\{\check{f}_{ah}(x)\}^{-1/(a^2-1)}$$

と一般化することができる．これは平均二乗誤差を小さくすることはできるが，その対価として $\widetilde{f}_h(\cdot)$ を $\mathbf{R}$ で積分しても 1 にはならないという弱点がある．積分して 1 になるような修正も提案されている．

1.3.3 一般化ジャックナイフ法

バイアスを修正するノンパラメトリックな方法としては**ジャックナイフ法**がよく利用される．ジャックナイフ法は Quenouille(1949) によって時

系列データを二分割してバイアスを修正する方法として提案された．この方法は統計的リサンプリング法の重要な手法として様々な研究がなされて，Efron(1979) による**ブートストラップ法**として発展してきた．その後カーネル法の場合にも適用できるような**一般化ジャックナイフ法**が提案されている．母数 θ に対する 2 つの統計量 $\widehat{\theta}_1$ と $\widehat{\theta}_2$ に対して

$$E\left(\widehat{\theta}_1\right) = \theta + \varphi_1(n)b(\theta), \quad E\left(\widehat{\theta}_2\right) = \theta + \varphi_2(n)b(\theta)$$

が成り立つとし，また $\varphi_1(n), \varphi_2(n)$ は n だけに依存し，$\varphi_1(n) \neq \varphi_2(n)$ と仮定する．このとき推定量を

$$\widetilde{\theta} = \frac{\begin{vmatrix} \widehat{\theta}_1 & \widehat{\theta}_2 \\ \varphi_1(n) & \varphi_2(n) \end{vmatrix}}{\begin{vmatrix} 1 & 1 \\ \varphi_1(n) & \varphi_2(n) \end{vmatrix}} \tag{1.10}$$

とおくと，これは不偏推定量であることがわかる．実際

$$\widetilde{\theta} = \frac{\varphi_2(n)\widehat{\theta}_1 - \varphi_1(n)\widehat{\theta}_2}{\varphi_2(n) - \varphi_1(n)}$$

となるから

$$E(\widetilde{\theta}) = \frac{\theta\varphi_2(n) + \varphi_1(n)\varphi_2(n)b(\theta) - \theta\varphi_1(n) - \varphi_1(n)\varphi_2(n)b(\theta)}{\varphi_2(n) - \varphi_1(n)}$$
$$= \theta\frac{\varphi_2(n) - \varphi_1(n)}{\varphi_2(n) - \varphi_1(n)} = \theta$$

が得られる．通常の**バイアス修正ジャックナイフ推定量**は

$$\widehat{\theta}_1 = \widehat{\theta}_n, \quad \widehat{\theta}_2 = \frac{1}{n}\sum_{i=1}^n \widehat{\theta}_{n-1}^{(i)}, \quad \varphi_1(n) = \frac{1}{n}, \quad \varphi_2(n) = \frac{1}{n-1}$$

である．

これを一般化して $\widehat{\theta}_\ell\ (\ell = 1, 2, \ldots, k+1)$ を θ の推定量として

1.3 バイアスの縮小

$$E(\widehat{\theta}_\ell) = \theta + \sum_{j=1}^{k} \varphi_{\ell,j}(n) b_j(\theta)$$

が成り立つとする.ただし $\varphi_{\ell,j}(n)$ は既知の関数とする.このとき式 (1.10) を拡張したものは

$$\widetilde{\theta}^* = \frac{\begin{vmatrix} \widehat{\theta}_1 & \cdots & \widehat{\theta}_{k+1} \\ \varphi_{1,1}(n) & \cdots & \varphi_{k+1,1}(n) \\ \vdots & & \vdots \\ \varphi_{1,k}(n) & \cdots & \varphi_{k+1,k}(n) \end{vmatrix}}{\begin{vmatrix} 1 & \cdots & 1 \\ \varphi_{1,1}(n) & \cdots & \varphi_{k+1,1}(n) \\ \vdots & & \vdots \\ \varphi_{1,k}(n) & \cdots & \varphi_{k+1,k}(n) \end{vmatrix}} \tag{1.11}$$

で与えられる.ただし分母の行列式は 0 ではないとする.1 行 ℓ 列を除いた余因子行列式

$$A_{1,\ell} = \begin{vmatrix} \varphi_{1,1}(n) & \cdots & \varphi_{\ell-1,1}(n) & \varphi_{\ell+1,1}(n) & \cdots & \varphi_{k+1,1}(n) \\ \varphi_{1,2}(n) & \cdots & \varphi_{\ell-1,2}(n) & \varphi_{\ell+1,2}(n) & \cdots & \varphi_{k+1,2}(n) \\ \vdots & & \vdots & \vdots & & \vdots \\ \varphi_{1,k}(n) & \cdots & \varphi_{\ell-1,k}(n) & \varphi_{\ell+1,k}(n) & \cdots & \varphi_{k+1,k}(n) \end{vmatrix}$$

を使って余因子展開すると式 (1.11) の分子は

$$\sum_{\ell=1}^{k+1} \widehat{\theta}_\ell (-1)^{1+\ell} A_{1,\ell}$$

となる.この期待値をとると,線形性より

$$E\left[\sum_{\ell=1}^{k+1}\widehat{\theta}_\ell(-1)^{1+\ell}A_{1,\ell}\right]$$
$$=\sum_{\ell=1}^{k+1}\left\{\theta+\sum_{j=1}^{k}\varphi_{\ell,j}(n)b_j(\theta)\right\}(-1)^{\ell+1}A_{1,\ell}$$
$$=\theta\sum_{\ell=1}^{k+1}(-1)^{\ell+1}A_{1,\ell}+\sum_{j=1}^{k}b_j(\theta)\left\{\sum_{\ell=1}^{k+1}\varphi_{\ell,j}(n)(-1)^{\ell+1}A_{1,\ell}\right\}$$

が得られる．再び余因子展開より

$$\sum_{\ell=1}^{k+1}\varphi_{\ell,j}(n)(-1)^{\ell+1}A_{1,\ell}=\begin{vmatrix}\varphi_{1,j}(n) & \cdots & \varphi_{k+1,j}(n)\\ \varphi_{1,1}(n) & \cdots & \varphi_{k+1,1}(n)\\ \vdots & & \vdots \\ \varphi_{1,j}(n) & \cdots & \varphi_{k+1,j}(n)\\ \vdots & & \vdots \\ \varphi_{1,k}(n) & \cdots & \varphi_{k+1,k}(n)\end{vmatrix}=0$$

が成り立つ．さらに

$$\sum_{\ell=1}^{k+1}(-1)^{\ell+1}A_{1,\ell}=\begin{vmatrix}1 & \cdots & 1\\ \varphi_{1,1}(n) & \cdots & \varphi_{k+1,1}(n)\\ \vdots & & \vdots \\ \varphi_{1,k}(n) & \cdots & \varphi_{k+1,k}(n)\end{vmatrix}$$

であるから $E(\widetilde{\theta}^*)=\theta$ となり不偏推定量となる．

これを利用するためには $\varphi_{\ell,j}(n)$ が n だけの関数となる必要がある．カーネル型密度関数推定量に適用すると $\widehat{f}_{n:-i}(x)$ を i 番目のデータを除いた対応する密度関数推定量とおくとき,

$$\widehat{\theta}_1=\widehat{f}_n(x),$$
$$\widehat{\theta}_2=\frac{1}{n}\sum_{i=1}^{n}\widehat{f}_{n:-i}(x)$$

が対応する．したがって $\varphi_1(n)=h_n^2$, $\varphi_2(n)=h_{n-1}^2$ であるから

$$\widetilde{f}_n(x) = \frac{\varphi_2(n)\widehat{\theta}_1 - \varphi_1(n)\widehat{\theta}_2}{\varphi_2(n) - \varphi_1(n)}$$

となる.このようにして求めたバイアス修正は,結局負の値をとることを許した 4 次オーダー・カーネルを利用する方法と同値になる(Jones (1993) を参照).

1.4　多次元密度関数の推定

　カーネル法の多次元への拡張は理論的には容易である.$\boldsymbol{X}_1, \boldsymbol{X}_2, \ldots, \boldsymbol{X}_n$ を p-次元母集団からの無作為標本とするとき,多次元確率密度関数のカーネル型推定量は

$$\widehat{f}(\boldsymbol{x}) = \frac{1}{n|\boldsymbol{H}|^{1/2}} \sum_{i=1}^{n} \boldsymbol{K}\left[\boldsymbol{H}^{-1/2}(\boldsymbol{x} - \boldsymbol{X}_i)\right]$$

で与えられる.ただし $\boldsymbol{H}$ は $p \times p$ の正定値のバンド幅行列とし,$\boldsymbol{K}$ は $\mathbf{R}^p \to \mathbf{R}$ の p-変数関数で

$$\int_{\mathbf{R}^p} \boldsymbol{K}(\boldsymbol{u}) d\boldsymbol{u} = 1$$

を満たすカーネル関数である.このカーネルの構成には p-次元の確率密度関数を使えばよいが,取り扱いが易しい次の 2 つが代表的なものである.K を一次元のカーネル関数とするとき**積カーネル**

$$\boldsymbol{K}_P(\boldsymbol{u}) = \prod_{j=1}^{p} K(u_i)$$

を使う方法と

$$\boldsymbol{K}_S(\boldsymbol{u}) = c_{K,p}^{-1} K\left\{(\boldsymbol{u}^T \boldsymbol{u})^{1/2}\right\}$$

がある.ただし

$$c_{K,p} = \int_{\mathbf{R}^p} K\left\{(\boldsymbol{u}^T \boldsymbol{u})^{1/2}\right\} d\boldsymbol{u}$$

である．特に p-次元標準正規分布

$$\boldsymbol{K}_N(\boldsymbol{u}) = (2\pi)^{-p/2} \exp\left(-\frac{1}{2}\boldsymbol{u}^T \boldsymbol{u}\right)$$

は上記の2つのカーネルの定義に当てはまるものである．このとき

$$|\boldsymbol{H}|^{-1/2} \boldsymbol{K}_N[\boldsymbol{H}^{-1/2}(\boldsymbol{x} - \boldsymbol{X}_i)]$$

は正規分布 $N_p(\boldsymbol{X}_i, \boldsymbol{H})$ の密度関数である．

バンド幅行列の簡単な選択としては

$$\boldsymbol{H} = \begin{pmatrix} h_1^2 & 0 & \cdots & 0 \\ 0 & h_2^2 & \cdots & 0 \\ \vdots & \vdots & \ddots & \vdots \\ 0 & 0 & \cdots & h_p^2 \end{pmatrix} \tag{1.12}$$

が使われることが多い．このときの推定量は

$$\widehat{f}(\boldsymbol{x}) = n^{-1} \left(\prod_{j=1}^p h_j\right)^{-1} \sum_{i=1}^n K\left(\frac{x_1 - X_{i1}}{h_1}, \cdots, \frac{x_p - X_{ip}}{h_p}\right)$$

となる．ただし $\boldsymbol{x}^\top = (x_1, \cdots, x_p)$, $\boldsymbol{X}_i^\top = (X_{i1}, \cdots, X_{ip})$ である．

多変数関数のテイラー展開を利用すると，1次元の場合と同様にバイアス・ベクトルと分散共分散行列を求めることができる．多変数関数 $g(\boldsymbol{x})$ の勾配ベクトル $\nabla_g(\boldsymbol{x})$ とヘッセ行列 $\mathcal{H}_g(\boldsymbol{x})$

$$\nabla_g(\boldsymbol{x}) = \begin{pmatrix} \frac{\partial g(\boldsymbol{x})}{\partial x_1} \\ \frac{\partial g(\boldsymbol{x})}{\partial x_2} \\ \vdots \\ \frac{\partial g(\boldsymbol{x})}{\partial x_p} \end{pmatrix}, \quad \mathcal{H}_g(\boldsymbol{x}) = \begin{pmatrix} \frac{\partial^2 g(\boldsymbol{x})}{\partial x_1 \partial x_1} & \frac{\partial^2 g(\boldsymbol{x})}{\partial x_1 \partial x_2} & \cdots & \frac{\partial^2 g(\boldsymbol{x})}{\partial x_1 \partial x_p} \\ \frac{\partial^2 g(\boldsymbol{x})}{\partial x_2 \partial x_1} & \frac{\partial^2 g(\boldsymbol{x})}{\partial x_2 \partial x_2} & \cdots & \frac{\partial^2 g(\boldsymbol{x})}{\partial x_2 \partial x_p} \\ \vdots & \vdots & \ddots & \vdots \\ \frac{\partial^2 g(\boldsymbol{x})}{\partial x_p \partial x_1} & \frac{\partial^2 g(\boldsymbol{x})}{\partial x_p \partial x_2} & \cdots & \frac{\partial^2 g(\boldsymbol{x})}{\partial x_p \partial x_p} \end{pmatrix}$$

を利用すると

$$g(\boldsymbol{x} + \boldsymbol{\delta}) = g(\boldsymbol{x}) + \boldsymbol{\delta}^\top \nabla_g(\boldsymbol{x}) + \frac{1}{2} \boldsymbol{\delta}^\top \mathcal{H}_g(\boldsymbol{x}) \boldsymbol{\delta} + o\left(\boldsymbol{\delta}^\top \boldsymbol{\delta}\right)$$

が成り立つ．ここでヘッセ行列の成分はすべて連続と仮定している．

[**仮定**] 密度関数 $f(\cdot)$, ヘッセ行列 $\mathcal{H}_g(\cdot)$ 及びカーネル関数に対して次の仮定を置く.

(ⅰ) ヘッセ行列関数 $\mathcal{H}_g(\cdot)$ はすべての成分について, 区分的に連続である.

(ⅱ) バンド幅行列 $\boldsymbol{H} = \boldsymbol{H}_n$ のすべての成分は 0 に収束し, $n^{-1}|\boldsymbol{H}|^{-1/2}$ も 0 に収束する. さらに $\boldsymbol{H}$ の最大固有値と最小固有値の比は有界とする.

(ⅲ) カーネル関数は有界で, サポートはコンパクトとする. また
$$\int_{\mathbf{R}^p} \boldsymbol{u}K(\boldsymbol{u})d\boldsymbol{u} = \boldsymbol{0}, \qquad \int_{\mathbf{R}^p} \boldsymbol{u}\boldsymbol{u}^\top K(\boldsymbol{u})d\boldsymbol{u} = \mu_2(\boldsymbol{K})\boldsymbol{I}$$
が成り立つ. ただし $\mu_2(\boldsymbol{K}) = \int u_i^2 K(\boldsymbol{u})d\boldsymbol{u}$ は i に無関係で, $\boldsymbol{I}$ は p 次単位行列とする.

このとき漸近バイアス・ベクトルと漸近分散共分散行列は次の定理で与えられる.

定理 1.4.1

仮定 (ⅰ), (ⅱ), (ⅲ) が成り立つとし, $\boldsymbol{K}(\boldsymbol{u})$ は原点に対して対称, すなわち $\boldsymbol{K}(-\boldsymbol{u}) = \boldsymbol{K}(\boldsymbol{u})$ なカーネル関数とすると
$$E[\widehat{f}(\boldsymbol{x})] = f(\boldsymbol{x}) + \frac{1}{2}\mu_2(\boldsymbol{K})\mathrm{tr}\{\boldsymbol{H}\mathcal{H}_g(\boldsymbol{x})\} + o(\mathrm{tr}(\boldsymbol{H})),$$
$$V[\widehat{f}(\boldsymbol{x})] = n^{-1}|\boldsymbol{H}|^{-1/2}f(\boldsymbol{x})R(\boldsymbol{K}) + o(n^{-1}|\boldsymbol{H}|^{-1/2})$$
が成り立つ. ただし $R(\boldsymbol{K}) = \int \boldsymbol{K}(\boldsymbol{u})^2 d\boldsymbol{u}$ で tr はトレース, すなわち行列の対角成分の和を表す. したがって漸近平均二乗誤差は
$$\mathrm{AMSE}[\widehat{f}(\boldsymbol{x})] = n^{-1}|\boldsymbol{H}|^{-1/2}f(\boldsymbol{x})R(\boldsymbol{K}) + \frac{1}{4}\mu_2^2(\boldsymbol{K})\left[\mathrm{tr}\{\boldsymbol{H}\mathcal{H}_g(\boldsymbol{x})\}\right]^2$$
となる.

この場合もバンド幅行列をどのように選べばよいかが問題になるが, 最適なバンド幅は明確な式で得られないことが多く難しい. またバンド幅行列は 0 に収束するから, データの次元が高くなると分散の収束のオーダ

ーが遅くなるという**次元の呪い**の問題が生じる．例えばバンド幅行列として式 (1.12) の対角行列を使うと

$$\boldsymbol{H}^{-1/2} = \left(\prod_{\ell=1}^{p} h_\ell\right)^{-1}$$

となり，p が大きくなると $V[\widehat{f}(\boldsymbol{x})]$ の 0 への収束が遅くなることがわかる．

第2章

分布関数の推定とエッジワース展開

　通常の（ハイパー・パラメータを含まない）統計モデルの下での推定量は $\sqrt{n}$ の一致性，すなわち推定量の分散は $O(1/n)$ である．しかし母集団分布を仮定せずに滑らかな推定結果を得る密度関数のカーネル型推定量は，前章で議論したように，平滑化パラメータ h の影響で，$\sqrt{n}$ の一致性を持たない．他方，密度関数推定量を積分することで得られる分布関数のカーネル型推定量は，バイアスを上手く処理すると $\sqrt{n}$ の一致性を回復する（Azzalini(1981) を参照）．他方，経験分布関数を利用した統計的推測問題も数多く研究されているが，滑らかな推定結果が得られない場合もある．このようなときにはカーネル型分布関数推定量を利用することで，妥当な推測結果を得ることがある．まず分布関数推定量の基本的性質を概観する．

2.1 分布関数推定量

　カーネル型密度関数推定量を積分すると，分布関数推定量は

$$\widehat{F}_n(x) = \int_{-\infty}^{x} \widehat{f}_n(u) du = \frac{1}{n} \sum_{i=1}^{n} W\left(\frac{x - X_i}{h}\right)$$

で与えられる．ただし

$$W(t) = \int_{-\infty}^{t} K(u)du$$

である.

密度関数推定量のときと同様にして,補題 1.2.1 を利用すると,カーネル型分布関数推定量に対して次の不等式が成り立つ.

補題 2.1.1

$f(u)$ は 2 回連続微分可能で $f^{(2)}(u)$ は有界とする.バンド幅は,$n \to \infty$,$h \to 0$ かつ $nh \to \infty$ を満たし,$K(\cdot)$ は原点対称な 2 次オーダー・カーネルで,$\sigma_K^2 = \int u^2 K(u) du$,$R(K) = \int K(u)^2 du$,$\int |u|^3 [K(u)]^\ell du$ ($\ell = 1, 2$) は存在すると仮定する.このとき $p \geq 2$ に対して

$$E\left[|\widehat{F}_n(x) - F(x)|^p\right] = O\left(n^{-p/2}\right) + O(h^{2p})$$

が成り立つ.

証明 $\widehat{F}_n(x)$ は互いに独立で同じ分布に従う確率変数の平均であるから,補題 1.2.1 を利用して示すことができる.$\widehat{F}_n(x)$ はバイアスがあるので次の分解

$$\begin{aligned}&\widehat{F}_n(x) - F(x) \\ &= \widehat{F}_n(x) - E\left[W\left(\frac{x - X_1}{h}\right)\right] + E\left[W\left(\frac{x - X_1}{h}\right)\right] - F(x)\end{aligned}$$

を考える.$K(\cdot)$ は 2 次オーダー・カーネルなので,密度関数推定量と同じように $u = (x - y)/h$ の変数変換を使うと

$$\begin{aligned}E\left[W\left(\frac{x - X_1}{h}\right)\right] &= \int_{-\infty}^{\infty} W\left(\frac{x - y}{h}\right) f(y) dy \\ &= \left[W\left(\frac{x - y}{h}\right) F(y)\right]_{-\infty}^{\infty} + \int_{-\infty}^{\infty} \frac{1}{h} K\left(\frac{x - y}{h}\right) F(y) dy \\ &= 0 + \int_{-\infty}^{\infty} K(u) F(x - uh) du \\ &= F(x) + \frac{\sigma_K^2 h^2}{2} f'(x) + O(h^3)\end{aligned}$$

が成り立つ. $W(u)$ は $K(u)$ の分布関数であるから

$$E\left|W\left(\frac{x-X_1}{h}\right) - E\left[W\left(\frac{x-X_1}{h}\right)\right]\right|^p$$

は有界なので,マルチンゲールに対するモーメントの評価を使うと $p \geq 2$ に対して

$$E\left|\widehat{F}_n(x) - E\left[W\left(\frac{x-X_1}{h}\right)\right]\right|^p \leq cn^{-p/2}$$

となる.したがって補題が成り立つ. □

密度関数の推定量と同様にバイアスと分散を以下のように求めることができる (Shirahata & Chu(1992) を参照).

定理 2.1.1

$f(u)$ は 2 回連続微分可能で $f^{(2)}(u)$ は有界とする.バンド幅は, $n \to \infty$, $h \to 0$ かつ $nh \to \infty$ を満たし, $K(\cdot)$ は 2 次オーダー・カーネルで, $\sigma_K^2 = \int u^2 K(u)du$, $k_1 = \int tK(t)W(t)dt$ が存在するとする.このとき

$$E[\widehat{F}_n(x)] = F(x) + \frac{h^2\sigma_K^2 f'(x)}{2} + O(h^3),$$
$$V[\widehat{F}_n(x)] = \frac{F(x)\{1-F(x)\}}{n} - \frac{2hf(x)k_1}{n} + o\left(\frac{h}{n}\right)$$

となり,漸近平均二乗誤差 AMSE は

$$\text{AMSE}\left[\widehat{F}_n(x)\right] = \frac{F(x)\{1-F(x)\}}{n} - \frac{2hf(x)k_1}{n} + \frac{h^4\sigma_K^4[f'(x)]^2}{4}$$

で与えられる.

証明 期待値については補題 2.1.1 で示した.同様にして

$$E\left[W^2\left(\frac{x-X_1}{h}\right)\right]$$
$$=\left[W^2\left(\frac{x-y}{h}\right)F(y)\right]_{-\infty}^{\infty}+\int_{-\infty}^{\infty}\frac{2}{h}K\left(\frac{x-y}{h}\right)W\left(\frac{x-y}{h}\right)F(y)dy$$
$$=0+\int_{-\infty}^{\infty}2K(t)W(t)F(x-ht)dt$$
$$=\int_{-\infty}^{\infty}2K(t)W(t)\left\{F(x)-htf(x)+O(h^2)t^2\right\}dt$$
$$=F(x)\int_{-\infty}^{\infty}2K(t)W(t)dt-hf(x)\int_{-\infty}^{\infty}2tK(t)W(t)dt+O(h^2)$$

となるから，$s=W(t)$ と変数変換すると

$$\int_{-\infty}^{\infty}2K(t)W(t)dt=2\int_{0}^{1}sds=1$$

である．以上より

$$E\left[W^2\left(\frac{x-X_1}{h}\right)\right]=F(x)-2hf(x)k_1+O(h^2)$$

が得られる．よって

$$V[\widehat{F}_n(x)]=\frac{1}{n}\left\{E\left[W^2\left(\frac{x-X_1}{h}\right)\right]-\left(E\left[W\left(\frac{x-X_1}{h}\right)\right]\right)^2\right\}$$
$$=\frac{F(x)\{1-F(x)\}}{n}-\frac{2hf(x)k_1}{n}+o\left(\frac{h}{n}\right)$$

が成り立つ． □

ここでカーネル関数が対称カーネルであるとすると $k_1 \geq 0$ となることを示すことができる．カーネル関数は密度関数で $K(-s)=K(s)$ のとき $W(-s)=1-W(s)$ が成り立つ．よって t が負の区間で $t=-u$ の変数変換を行うと

2.1 分布関数推定量

$$\begin{aligned}
k_1 &= \int_{-\infty}^{\infty} uK(u)W(u)du \\
&= \int_{-\infty}^{0} uK(u)W(u)du + \int_{0}^{\infty} uK(u)W(u)du \\
&= -\int_{\infty}^{0} (-t)K(-t)W(-t)dt + \int_{0}^{\infty} uK(u)W(u)du \\
&= \int_{0}^{\infty} tK(t)\{W(t) - 1\}dt + \int_{0}^{\infty} uK(u)W(u)du \\
&= \int_{0}^{\infty} tK(t)\{2W(t) - 1\}dt
\end{aligned}$$

が得られる．ここで $t \geq 0$ の範囲で $2W(t) \geq 1$ であるから，$k_1 \geq 0$ が成り立つ．経験分布関数 $F_n(x) = \frac{1}{n}\sum_{i=1}^{n} I(X_i \leq x)$ は $F(x)$ の不偏推定量で分散は

$$V[F_n(x)] = \frac{F(x)\{1 - F(x)\}}{n}$$

であるから，分散は経験分布関数よりも小さくなっている．漸近平均積分二乗誤差は

$$\begin{aligned}
\mathrm{AMISE}(\widehat{F}_n) = &\frac{1}{n}\int_{-\infty}^{\infty} F(x)\{1 - F(x)\}dx - \frac{2hk_1}{n} \\
&+ \frac{h^4 \sigma_K^4}{4} \int_{-\infty}^{\infty} [f'(x)]^2 dx
\end{aligned}$$

となる．通常の統計的推測においては，推定量のバイアスの改善は様々な方法が提案されており，比較的容易である．しかし推定の一致性を保ちながら，分散を改善することは統一的な手法がなく，難しい問題である．

分布関数推定量の場合にもバイアスの修正は可能である．この AMISE $(\widehat{F}_n)$ を h の関数としたときに最小にするバンド幅は

$$h^{**} = \left(\frac{2k_1}{\sigma_K^4 \int [f'(x)]^2 dx}\right)^{1/3} n^{-1/3}$$

で与えられる．高次オーダー・カーネルを使うと密度関数推定量 $\widehat{f}_n(x)$ と同様にバイアスを改善することができる．カーネル関数 $K(\cdot)$ は負の値

を取り得るとする.ここで

$$\mu_j(K) = \int_{-\infty}^{\infty} u^j K(u) du$$

とおき

$$\mu_j(K) = 0, \ j = 1, \ldots, \ell-1, \quad \mu_\ell(K) \neq 0$$

の ℓ-次オーダー・カーネルとする.ℓ-次オーダー・カーネル関数 $K_\ell(\cdot)$ を使うと

$$E\left[W_\ell\left(\frac{x-X_1}{h}\right)\right] = F(x) + (-1)^\ell \frac{\mu_\ell(K_\ell)}{\ell!} h^\ell F^{(\ell)}(x) + o(h^\ell)$$

となる.分散については変わらないので,漸近平均積分二乗誤差は

$$\text{AMISE}(\widehat{F}_n) = \frac{1}{n}\int_{-\infty}^{\infty} F(x)\{1-F(x)\}dx - \frac{2hk_1}{n}$$
$$+ h^{2\ell}\left\{\frac{\mu_\ell(K_\ell)}{\ell!}\right\}^2 \int_{-\infty}^{\infty}\left\{F^{(\ell)}(x)\right\}^2 dx$$

となる.

2.1.1 エッジワース展開

分布関数のカーネル型推定量については Garsía-Soidán *et al.*(1997) が誤差項 $O(n^{1/2}h^3 + h^2 + n^{-1/2}h)$ までのエッジワース展開を求めている.ここでは誤差項が $o(n^{-1})$ までのエッジワース展開を求める.カーネル関数に対して以下の仮定をおく.

$$\int_{-\infty}^{\infty} K(u)du = 1, \quad \int_{-\infty}^{\infty} uK(u)du = 0,$$
$$\int_{-\infty}^{\infty} |u|^\ell K(u)du < \infty \quad (\ell = 2,3,4).$$

$\widehat{F}_n(x)$ は互いに独立で同じ分布に従う確率変数の和の平均であるから,バンド幅を $h = o(n^{-1/4})$ とすると

2.1 分布関数推定量

$$P\left(\frac{\sqrt{n}[\widehat{F}_n(x) - F(x)]}{\sqrt{V\left[W\left(\frac{x-X_1}{h}\right)\right]}} \leq y\right) = \Phi(y) + o(1) \quad (2.1)$$

が成り立つ．ただし $\Phi(y)$ は標準正規分布 $N(0,1)$ の分布関数である．$x \in \mathbf{R}$ を固定して次の記号を準備する．

$$W_i := W\left(\frac{x - X_i}{h}\right) \ (i = 1, 2, \ldots, n),$$

$$\sigma_n^2 := V(W_1),$$

$$\kappa_{3,n} := \frac{E[\{W_1 - E(W_1)\}^3]}{\sigma_n^3},$$

$$\kappa_{4,n} := \frac{E[\{W_1 - E(W_1)\}^4]}{\sigma_n^4},$$

$$Q_{1,n}(y) := -\frac{\kappa_{3,n}}{6} H_2(y),$$

$$Q_{2,n}(y) := -\frac{\kappa_{4,n}}{24} H_3(y) - \frac{\kappa_{3,n}^2}{72} H_5(y).$$

ただし $\{H_k(y)\}$ はエルミート多項式

$$H_2(y) = y^2 - 1,$$
$$H_3(y) = y^3 - 3y,$$
$$H_5(y) = y^5 - 10y^3 - 15y$$

である．

Garsía-Soidán et al.(1997) の Lemma 3.1 を利用すると次の定理を得ることができる．

定理 2.1.2

$f'(\cdot)$ が存在して x の近傍で連続であり，$h = cn^{-d}$ $(c > 0, \frac{1}{4} \leq d < \frac{1}{2})$ で条件 $\int |z^\ell K(z)| dz < \infty$ $(1 \leq \ell \leq 4)$ が成り立つとすると

$$P\left(\frac{\sqrt{n}\{\widehat{F}_n(x) - E[\widehat{F}_n(x)]\}}{\sigma_n} \leq y\right) = P_n(y) + o(n^{-1})$$

となる.ただし
$$P_n(y) = \Phi(y) + n^{-1/2}\phi(y)Q_{1,n} + n^{-1}\phi(y)Q_{2,n}(y)$$
である(Huang & Maesono(2014)を参照).また$\phi(y)$は$N(0,1)$の密度関数である.

定理 2.1.1 より
$$E(W_1) = F(x) + O(h^2)$$
で,さらに
$$A_{i,j} = \int W^i(z) z^j K(z) dz$$
とおくと,2次,3次および4次のモーメントは
$$E(W_1^2) = F(x) - 2hf(x)A_{1,1} + O(h^2),$$
$$E(W_1^3) = F(x) - 3hf(x)A_{2,1} + O(h^2),$$
$$E(W_1^4) = F(x) + O(h)$$
となる.これらの評価と$(x+a)^{-3/2}$と$(x+a)^{-2}$のテイラー展開を利用すると$\kappa_{3,n}$と$\kappa_{4,n}$の近似は
$$\sigma_n^2 = F(x)\{1 - F(x)\} - 2hf(x)A_{1,1} + O(h^2)$$
であるから
$$\sigma_n^{-3/2} = \frac{1}{[F(x)\{1-F(x)\}]^{3/2}} + h\frac{3f(x)A_{1,1}}{[F(x)\{1-F(x)\}]^{5/2}} + o(h),$$
$$\sigma_n^{-2} = \frac{1}{[F(x)\{1-F(x)\}]^2} + O(h)$$
となる.さらに

2.1 分布関数推定量

$$E[\{W_1 - E(W_1)\}^3]$$
$$= E(W_1^3) - 3E(W_1^2)E(W_1) + 2\{E(W_1)\}^3$$
$$= F(x)\{1 - F(x)\}\{1 - 2F(x)\} + 3hf(x)\{2F(x)A_{1,1} - A_{2,1}\} + O(h^2),$$
$$E[\{W_1 - E(W_1)\}^4]$$
$$= F(x)\{1 - F(x)\}\{1 - 3F(x) + 3F^2(x)\} + O(h)$$

となるから

$$\kappa_{3,n} = B_{3,0} + hB_{3,1} + O(h^2),$$
$$\kappa_{4,n} = B_{4,0} + O(h)$$

が成り立つ．ただし

$$B_{3,0} = \frac{1 - 2F(x)}{[F(x)\{1 - F(x)\}]^{1/2}}, \qquad B_{3,1} = \frac{3f(x)(A_{1,1} - A_{2,1})}{[F(x)\{1 - F(x)\}]^{3/2}}$$
$$B_{4,0} = \frac{1 - 3F(x) + 3F^2(x)}{F(x)\{1 - F(x)\}}$$

である．

以上の表現を使うとエッジワース展開を陽に求めることができる (Huang & Maesono(2014) を参照)．まず最初に $\widehat{F}_n(x)$ を標準化したときの展開を与える．

定理 2.1.3

定理 2.1.2 と同じ仮定の下で

$$P\left(\frac{\sqrt{n}\{\widehat{F}_n(x) - E[\widehat{F}_n(x)]\}}{\sigma_n} \leq y\right) = \widetilde{P}_n(y) + o(n^{-1})$$

となる．ただし

$$\widetilde{P}_n(y) = \Phi(y) - n^{-1/2}\phi(y)\widetilde{Q}_1(y) - n^{-1/2}h\phi(y)\widetilde{Q}_1^*(y) - n^{-1}\phi(y)\widetilde{Q}_2(y)$$

および

$$\widetilde{Q}_1(y) = \frac{B_{3,0}}{6} H_2(y), \tag{2.2}$$

$$\widetilde{Q}_1^*(y) = \frac{B_{3,1}}{6} H_2(y), \tag{2.3}$$

$$\widetilde{Q}_2(y) = \frac{B_{4,0}}{24} H_3(y) - \frac{B_{3,0}^2}{72} H_5(y) \tag{2.4}$$

とする.

この展開を利用して $F(x)$ の信頼区間を構成するためには

$$P\left(\frac{\sqrt{n}\{\widehat{F}_n(x) - F(x)\}}{\sigma_n} \le y \right)$$

のエッジワース展開を求める必要がある.バイアスの標準化を考えて

$$\Delta_n = \frac{n^{1/2}\{E[\widehat{F}_n(x)] - F(x)\}}{\sigma_n}$$

とおくと

$$P\left(\frac{\sqrt{n}\{\widehat{F}_n(x) - F(x)\}}{\sigma_n} \le y \right) = \widetilde{P}_n(y - \Delta_n) + o(n^{-1})$$

となる.ここで $h = cn^{-d}$ ($c > 0$, $\frac{1}{4} \le d < \frac{1}{2}$) であるから $\Delta_n = O(1)$ となる.

もし密度関数が有界な 5 階の導関数 $f^{(5)}(\cdot)$ を持てば,条件より

$$E[\widehat{F}_n(x)] - F(x) = \frac{h^2}{2} f'(x) A_{0,2} - \frac{h^3}{6} f''(x) A_{0,3}$$
$$+ \frac{h^4}{24} f^{(3)}(x) A_{0,4} - \frac{h^5}{120} f^{(4)}(x) A_{0,5} + O(h^6)$$

が得られる.同様にしてテイラー展開を使って

$$E(W_1) = F(x) + \frac{h_n^2}{2} f'(x) A_{0,2} - \frac{h^3}{6} f''(x) A_{0,3} + O(h^4),$$
$$E(W_1^2) = F(x) - 2h f(x) A_{1,1} + h^2 f'(x) A_{1,2} - \frac{h^3}{3} f''(x) + O(h^4)$$

となる.したがって

2.1 分布関数推定量

$$\sigma_n^2 = F(x)\{1 - F(x)\} - 2hf(x)A_{1,1} + h^2 f'(x)\{A_{1,2} - F(x)A_{0,2}\}$$
$$- \frac{h^3}{3} f''(x)\{A_{1,3} - F(x)A_{0,3}\} + O(h^4)$$

である．さらに

$$\sigma_n^{-1} = \frac{1}{[F(x)\{1 - F(x)\}]^{1/2}} + h\frac{f(x)A_{1,1}}{[F(x)\{1 - F(x)\}]^{3/2}}$$
$$+ h_n^2 \left(-\frac{f'(x)\{A_{1,2} - F(x)A_{0,2}\}}{2[F(x)\{1 - F(x)\}]^{3/2}} \frac{3f^2(x)A_{1,1}^2}{2[[F(x)\{1 - F(x)\}]^{5/2}} \right)$$
$$+ h^3 \left(\frac{f''(x)\{A_{1,3} - F(x)A_{0,3}\}}{6[F(x)\{1 - F(x)\}]^{3/2}} \right.$$
$$\left. - \frac{3f(x)f'(x)A_{1,1}\{A_{1,2} - F(x)A_{0,2}\}}{2[F(x)\{1 - F(x)\}]^{5/2}} + \frac{5f^3(x)A_{1,1}^3}{2[F(x)\{1 - F(x)\}]^{7/2}} \right)$$
$$+ O(h^4)$$

が成り立つ．これらの評価を使うと $h = cn^{-d}$ ($c > 0$, $\frac{1}{4} \leq d < \frac{1}{2}$) に対して

$$n^{-1/2}\Delta_n = h^2 b_2 + h^3 b_3 + h^4 b_4 + h^5 b_5 + o(n^{-3/2})$$

となることが示せる．ただし

$$b_2 = \frac{f'(x)A_{0,2}}{2[F(x)\{1 - F(x)\}]^{1/2}},$$
$$b_3 = -\frac{f''(x)A_{0,3}}{6[F(x)\{1 - F(x)\}]^{1/2}} + \frac{f(x)f'(x)A_{1,1}A_{0,2}}{2[F(x)\{1 - F(x)\}]^{3/2}},$$
$$b_4 = \frac{f^{(3)}(x)A_{0,4}}{24[F(x)\{1 - F(x)\}]^{1/2}}$$
$$- \frac{2f(x)f''(x)A_{1,1}A_{0,3} + 3[f'(x)]^2 A_{0,2}\{A_{1,2} - F(x)A_{0,2}\}}{12[F(x)\{1 - F(x)\}]^{3/2}}$$
$$+ \frac{3[f(x)]^2 f'(x)A_{1,1}^2 A_{0,2}}{4[F(x)\{1 - F(x)\}]^{5/2}},$$

$$b_5 = -\frac{f^{(4)}(x)A_{0,5}}{120[F(x)\{1-F(x)\}]^{1/2}}$$
$$+ \frac{1}{24[F(x)\{1-F(x)\}]^{3/2}}\Big[f(x)f^{(3)}(x)A_{1,1}A_{0,4}$$
$$+2f'(x)f''(x)\{A_{0,3}A_{1,2}+A_{0,2}A_{1,3}-2F(x)A_{0,2}A_{0,3}\}\Big]$$
$$-\frac{[f(x)]^2 f''(x)A_{1,1}^2 A_{0,3}+3f(x)[f'(x)]^2 A_{0,2}A_{1,1}\{A_{1,2}-F(x)A_{0,2}\}}{4[F(x)\{1-F(x)\}]^{5/2}}$$
$$+\frac{5[f(x)]^3 f'(x)A_{0,2}A_{1,1}^3}{4[F(x)\{1-F(x)\}]^{7/2}}$$

である．

　もしカーネルが原点で対称であるとすると，$A_{0,3}=A_{0,5}=0$ となり

$$b_2 = \frac{f'(x)A_{0,2}}{2[F(x)\{1-F(x)\}]^{1/2}},$$
$$b_3 = \frac{f(x)f'(x)A_{1,1}A_{0,2}}{2[F(x)\{1-F(x)\}]^{3/2}},$$
$$b_4 = \frac{f^{(3)}(x)A_{0,4}}{24[F(x)\{1-F(x)\}]^{1/2}} - \frac{3[f'(x)]^2 A_{0,2}\{A_{1,2}-F(x)A_{0,2}\}}{12[F(x)\{1-F(x)\}]^{3/2}}$$
$$+ \frac{3[f(x)]^2 f'(x)A_{1,1}^2 A_{0,2}}{4[F(x)\{1-F(x)\}]^{5/2}},$$
$$b_5 = \frac{f(x)f^{(3)}(x)A_{1,1}A_{0,4}+2f'(x)f''(x)A_{0,2}A_{1,3}}{24[F(x)\{1-F(x)\}]^{3/2}}$$
$$- \frac{3f(x)[f'(x)]^2 A_{0,2}A_{1,1}\{A_{1,2}-F(x)A_{0,2}\}}{4[F(x)\{1-F(x)\}]^{5/2}}$$
$$+ \frac{5[f(x)]^3 f'(x)A_{0,2}A_{1,1}^3}{4[F(x)\{1-F(x)\}]^{7/2}}$$

が得られる．さらに対称で 4 次オーダー・カーネルを使うと $A_{0,2}=A_{0,3}=A_{0,5}=0$ であるから

$$n^{-1/2}\Delta_n = h^4\delta_1 + h^5\delta_2 + o(n^{-3/2})$$

と簡略化される．ただし

$$\delta_1 = \frac{f^{(3)}(x)A_{0,4}}{24[F(x)\{1-F(x)\}]^{1/2}}, \qquad \delta_2 = \frac{f(x)f^{(3)}(x)A_{1,1}A_{0,4}}{24[F(x)\{1-F(x)\}]^{3/2}}$$

2.1 分布関数推定量

である．このとき

$$\Phi(y-\Delta_n) = \Phi(y) - (n^{1/2}h^4\delta_1 + n^{1/2}h^5\delta_2)\phi(y) + o(n^{-1}),$$
$$n^{-1/2}\phi(y-\Delta_n)\widetilde{Q}_1(y-\Delta_n) = n^{-1/2}\phi(y)\widetilde{Q}_1(y) + o(n^{-1}),$$
$$n^{-1/2}h\phi(y-\Delta_n)\widetilde{Q}_1^*(y-\Delta_n) = n^{-1/2}h\phi(y)\widetilde{Q}_1^*(y) + o(n^{-1})$$

および

$$n^{-1}\phi(y-\Delta_n)\widetilde{Q}_2(y-\Delta_n) = n^{-1}\phi(y)\widetilde{Q}_2(y) + o(n^{-1})$$

が得られる．したがってエッジワース展開は

$$P\left(\frac{\sqrt{n}\{\widehat{F}_n(x) - F(x)\}}{\sigma_n} \leq y\right) = \widetilde{P}_{4,n}(y) + o(n^{-1}) \tag{2.5}$$

と簡略化される．ここで $\widetilde{P}_{4,n}(y)$ は式 (2.2)〜(2.4) の記号を使って

$$\widetilde{P}_{4,n}(y) = \Phi(y) - n^{-1/2}\phi(y)\widetilde{Q}_1(y) - n^{1/2}h^4\delta_1\phi(y) - n^{-1/2}h\phi(y)\widetilde{Q}_1^*(y)$$
$$- h^{1/2}h^5\delta_2\phi(y) - n^{-1}\widetilde{Q}_2(y)$$

とおいたものである．Müller(1984) は高次オーダー・カーネルを議論しており，4次オーダー・カーネル

$$K(u) = \frac{315}{512}(11u^8 - 36u^6 + 42u^4 - 20u^2 + 3)I(|u| \leq 1)$$

を与えている．ただし $I(\cdot)$ は定義関数である．

実際にエッジワース展開を利用して，$F(x)$ の信頼区間や統計的仮説検定の推測に使用するときは，分散の推定量を利用したスチューデント化分布関数推定量のエッジワース展開を求める必要がある．すなわち

$$\widehat{\sigma}_n^2 = (n-1)\sum_{i=1}^{n}\left\{\widehat{F}_{n;-i}(x) - \widehat{F}(x)\right\}^2$$

とおくとき

$$\frac{\sqrt{n}\{\widehat{F}_n(x) - F(x)\}}{\widehat{\sigma}_n}$$

のエッジワース展開を求めないといけない．ただし

$$\widehat{F}_{n;-i}(x) = \frac{1}{n-1} \sum_{j \neq i}^{n} K\left(\frac{x - X_j}{h}\right)$$

である．上記のエッジワース展開を求めるのは通常の推定量について前園 (2001) で議論していることを，$\widehat{F}_n(x)$ に対して行えばよい．ここでは煩雑になるので割愛し，標準化推定量のエッジワース展開の良さをシミュレーションで検証する．

2.1.2 シミュレーション

ここでは式 (2.1) の正規近似と式 (2.5) のエッジワース展開近似との比較を行う．利用するのはイパネクニコフ・カーネル

$$K(u) = \frac{3}{4}(1 - u^2) I(|u| \leq 1)$$

で，バンド幅は $h = n^{-1/3}$ とする．表の中の「正確」は真の値が未知なので，1,000,000 回サンプル $\{x_1, \ldots, x_n\}$ を発生させて

$$P\left(\frac{\sqrt{n}\{\widehat{F}_n(x) - F(x)\}}{\sigma_n} \leq y\right)$$

の平均をとった値である．表 2.1〜表 2.3 では $F(x)$ を正規分布とし，$x = 1.645$ での値を標本数 $n = 20, 50, 100$ について求めた結果である．太字が True の値に近いものを表している．これらは Huang & Maesono (2014) より引用している．

表 2.1〜表 2.3 よりエッジワース展開の方が良い近似を与えていることがわかる．$F(x)$ が χ^2-分布およびラプラス分布のときの結果も似たようなものであった．

2.1.3 分布関数推定量の Terrell & Scott 型バイアス縮小

Terrell & Scott(1980) の考え方を利用すると分布関数推定量についてもバイアスの縮小を行うことができる．バンド幅が h の分布関数推定量

2.1 分布関数推定量

表 2.1 正規近似の改良 $x = 1.645\,(n = 20)$

y	正規近似	エッジワース	正確
-2.5	0.00621	**0.00056**	0.00000
-2	0.02275	**0.00118**	0.00001
-1.5	0.06681	**0.05053**	0.00002
-1	0.15866	**0.18724**	0.19727
-0.5	**0.30854**	0.37531	0.33068
0	0.50000	**0.54219**	0.55341
0.5	**0.69146**	0.67802	0.71257
1	0.84134	**0.80550**	0.82570
1.5	0.93319	**0.90576**	0.91194
2	0.97725	**0.95680**	0.95216
2.5	0.99379	**0.97555**	0.98049

表 2.2 正規近似の改良 $x = 1.645\,(n = 50)$

y	正規近似	エッジワース	正確
-2.5	0.00621	**0.00018**	0.00000
-2	0.02275	**0.00658**	0.00001
-1.5	0.06681	**0.04842**	0.04581
-1	0.15866	**0.15690**	0.15497
-0.5	**0.30854**	0.32673	0.31143
0	0.50000	**0.51482**	0.52078
0.5	**0.69146**	0.68397	0.70333
1	0.84134	**0.81845**	0.82738
1.5	0.93320	**0.90956**	0.91453
2	0.97725	**0.95884**	0.96210
2.5	0.99379	**0.98134**	0.98439

表 2.3　正規近似の改良 $x = 1.645\ (n = 100)$

y	正規近似	エッジワース	正確
-2.5	0.00621	**0.00089**	0.00000
-2	0.02275	**0.00985**	0.00685
-1.5	0.06681	**0.05003**	0.04898
-1	0.15866	**0.14921**	0.14800
-0.5	0.30854	**0.31097**	0.31087
0	0.50000	**0.50315**	0.50483
0.5	**0.69146**	0.68304	0.69578
1	0.84134	**0.82276**	0.83010
1.5	0.93319	**0.91349**	0.91947
2	0.97725	**0.96228**	0.96439
2.5	0.99379	**0.98470**	0.98629

$F_h^*(x)$ のバイアスは

$$\mathrm{Bias}[F_h^*(x)] = h^2 \frac{f'(x)}{2} \int_{-\infty}^{\infty} u^2 K(u) du + o(h^2)$$

で与えられる．ここで $0 < a\ (\neq 1)$ に対してバンド幅 ah の分布関数推定量を

$$\widehat{F}_{ah}(x) = \frac{1}{n} \sum_{i=1}^{n} W\left(\frac{x - X_i}{ah}\right)$$

とおき，バイアス縮小推定量を

$$\widetilde{F}(x) = [F_h^*(x)]^{t_1} [F_h^*(x)]^{t_2}$$

と定義する．ただし

$$t_1 = \frac{a^2}{a^2 - 1}, \qquad t_2 = -\frac{1}{a^2 - 1}$$

である．このとき Fauzi & Maesono(2017) は次の定理が成り立つことを示している．

定理 2.1.4

次の条件を仮定する．

(1) カーネル関数 $K(\cdot)$ は原点について対称で非負とする．
(2) 積分 $\int_{-\infty}^{\infty} u^4 K(u) du < \infty$ が存在するとする．
(3) バンド幅 $h > 0$ で $n \to \infty$ のとき $h \to 0$ かつ $nh \to \infty$ とする．
(4) 密度関数 $f(\cdot)$ は 3 回連続微分可能で，$f^{(4)}(\cdot)$ が存在する．
(5) 積分 $\int_{-\infty}^{\infty} \frac{\{f'(x)\}^2}{F(x)} dx < \infty$, $\int_{-\infty}^{\infty} |f^{(3)}(x)| dx < \infty$ が存在する．

このとき

$$\mathrm{Bias}[\widetilde{F}(x)] = h^4 a^2 \frac{b_2^2(x) - 2b_4(x)F(x)}{2F(x)} + o(h^4) + O(n^{-1})$$

である．

バイアスは $O(h^4)$ まで改善している．次に分散を求めると下記のようになる．

定理 2.1.5

定理 2.1.4 と同じ仮定の下で，分散は

$$\begin{aligned} V[\widetilde{F}(x)] \\ = \frac{1}{n} F(x)\{1 - F(x)\} - \frac{2h}{n} \frac{(a^4 + 1)v_1 + a^2 v_2}{(a^2 - 1)^2} f(x) + o\left(\frac{h}{n}\right) \end{aligned}$$

となる．ただし

$$\begin{aligned} v_1 &= \int_{-\infty}^{\infty} uK(u)W(u)du, \\ v_2 &= \int_{-\infty}^{\infty} u \left[K(u)W\left(\frac{u}{a}\right) + \frac{1}{a} W(u) K\left(\frac{u}{a}\right) \right] du \end{aligned}$$

である．

第3章

統計的推測への応用

　パラメトリックな統計的推測では，母集団分布を母数で特徴づけて，母数に対する推定や検定を構成していく．ノンパラメトリック法の最初の手法としてはデータの順位を元にして，まず仮説検定法を求めて，それを利用した区間推定や点推定を構成するのが通常の方法であった．その後，母集団分布についての仮定を少なくしても有効性が保たれる方法の開発へと研究は進んでいった．広い視点で見れば，推測に利用される統計量はノンパラメトリック法で重要な役割を持つ経験分布関数の汎関数とみなすことができる．この観点から統計的リサンプリング法が生まれ，ブートストラップ法へと発展している．他方，カーネル型推定量を利用すると，母集団分布をパラメータで特徴付けなくてもデータの解析が可能となることが知られるようになってきた．ここでは直接的に密度関数や分布関数のカーネル型推定量を利用する統計的推測について具体的に考察していく．

3.1　ノンパラメトリック回帰

　(X, Y) の二変量データに対して，X と Y の関係を捉える方法として**回帰分析**がある．一番よく利用されるのは**線形回帰** (linear regression) であるが，一般的な方法として近年，**非線形回帰** (nonlinear regression) が研究されており，その一つにカーネル法を利用した**ノンパラメトリック回帰** (nonparametric regression) がある．Y を X の関数 $m(X)$ として説明す

3.1 ノンパラメトリック回帰　　47

るときに，平方の期待値に関して条件付き期待値 $E(Y|X)$ を使うと

$$
\begin{aligned}
& E[Y - m(X)]^2 \\
&= E[Y - E(Y|X) + E(Y|X) - m(X)]^2 \\
&= E[Y - E(Y|X)]^2 + 2E[\{Y - E(Y|X)\}\{E(Y|X) - m(X)\}] \\
&\quad + E[E(Y|X) - m(X)]^2
\end{aligned}
$$

と変形できる．ここで条件付き期待値の性質から

$$
\begin{aligned}
& E[\{Y - E(Y|X)\}\{E(Y|X) - m(X)\}] \\
&= E[E(\{Y - E(Y|X)\}\{E(Y|X) - m(X)\}|X)] \\
&= E[E(\{Y - E(Y|X)\}|X)\{E(Y|X) - m(X)\}] \\
&= E[E(\{E(Y|X) - E(Y|X)\})\{E(Y|X) - m(X)\}] \\
&= 0
\end{aligned}
$$

となる．よって任意の関数 $m(\cdot)$ に対して

$$E[Y - E(Y|X)]^2 \leq E[Y - m(X)]^2$$

が成り立つ．したがって X を与えたときの条件付き期待値が**最小二乗推定量**となる．条件付き期待値の推定量を構成することができれば，それが良い推定となる．

3.1.1　ナダラヤ・ワトソン推定

回帰モデルとして

$$y_i = m(x_i) + \varepsilon_i \quad (i = 1, 2, \ldots, n)$$

を考える．回帰関数 $m(x)$ は条件付期待値 $m(x) = E(Y|X = x)$ で，$E(\varepsilon|X = x) = 0$ および $V(\varepsilon|X = x) = \sigma^2(x)$ とする．$f(x,y)$ を (X,Y) の同時密度関数，$f_X(x)$ を X の周辺密度関数とすると回帰関数は

$$m(x) = \int_{-\infty}^{\infty} y \frac{f(x,y)}{f_X(x)} dy \tag{3.1}$$

となる．$(X_1,Y_1),(X_2,Y_2),\ldots,(X_n,Y_n)$ を 2 次元母集団からの無作為標本で，$K_x(\cdot), K_y(\cdot)$ を x,y に関するカーネル関数とすると，同時密度関数 $f(x,y)$ の積カーネルを使った推定量は

$$\widehat{f}(x,y) = \frac{1}{nh_xh_y}\sum_{i=1}^n K_x\left(\frac{x-X_i}{h_x}\right)K_y\left(\frac{y-Y_i}{h_y}\right)$$

で与えられ，X の周辺密度関数 $f_X(x)$ のカーネル型推定量は

$$\widehat{f}_X(x) = \frac{1}{nh_x}\sum_{i=1}^n K_x\left(\frac{x-X_i}{h_x}\right)$$

となる．ただし $K_x(\cdot), K_y(\cdot)$ は x および y についてのカーネル関数である．これらを使って，条件付き密度関数 $f_Y(y|x)$ のカーネル型推定

$$\widehat{f}_Y(y|x) = \frac{\widehat{f}(x,y)}{\widehat{f}_X(x)} \tag{3.2}$$

が得られる．ここで h_x, h_y はこれまでに扱ってきたバンド幅 h である．このカーネル型推定量に対してバイアスと分散は次の定理で与えられる．ここでは簡単のために $K_x(\cdot) = K_y(\cdot) = K(\cdot), h_x = h_y = h$ とする．

定理 3.1.1

$f_X(x) > 0$ と仮定する．また $f_X^{(i)}(\cdot), \frac{\partial^{i+j}}{\partial x^i \partial y^j}f(x,y)$ $(1 \leq i+j \leq 3)$ が存在し，$f_X^{(3)}(\cdot), \frac{\partial^3}{\partial x^i \partial y^j}f(x,y)$ は有界であると仮定する．さらに $K(\cdot)$ は対称カーネルで $m, M > 0$ の定数に対して $m < K(x) < M$ ($x \in \{y|K(y) \neq 0\}$) とする．$nh^2 \to \infty$ のとき $\widehat{f}_Y(y|x)$ の期待値と分散は下記で与えられる．

3.1 ノンパラメトリック回帰

$$E\left[\widehat{f}_Y(y|x)\right] = f_Y(y|x) + \frac{h^2\sigma_K^2}{2f_X(x)}\Big\{f_{xx}(x,y) + f_{yy}(x,y)$$
$$-f(x,y)\frac{f_X^{(2)}(x)}{f_X(x)}\Big\} + O\left(h^3 + \frac{1}{nh}\right),$$
$$V\left[\widehat{f}_Y(y|x)\right] = \frac{R(K)}{nh^2}\frac{f(x,y)}{f_X(x)^2} + o\left(\frac{1}{nh^2}\right)$$

となる.ただし $\sigma_K^2 = \int u^2 K(u)du < \infty$, $R(K) = \int K(u)^2 du < \infty$ である.したがって漸近平均二乗誤差は

$$\text{AMSE}\left[\widehat{f}_Y(y|x)\right] = \frac{R(K)}{nh^2}\frac{f(x,y)}{f_X(x)^2}$$
$$+ \frac{h^4\sigma_K^4}{4f_X(x)^2}\left[f_{xx}(x,y) + f_{yy}(x,y) - f(x,y)\frac{f_X^{(2)}(x)}{f_X(x)}\right]^2$$

となる.

証明 テイラー展開を考えて

$$\frac{\widehat{f}(x,y)}{\widehat{f}_X(x)} = \frac{\widehat{f}(x,y)}{f_X(x)} - \frac{\widehat{f}(x,y)}{f_X(x)^2}\left\{\widehat{f}_X(x) - f_X(x)\right\}$$
$$+ \frac{\widehat{f}(x,y)}{f_X(x)^3}\left\{\widehat{f}_X(x) - f_X(x)\right\}^2 + \widehat{f}(x,y)L_n \quad (3.3)$$

とおく.ただし

$$L_n = \frac{1}{\widehat{f}_X(x)} - \frac{1}{f_X(x)} + \frac{1}{f_X(x)^2}[\widehat{f}_X(x) - f_X(x)] - \frac{[\widehat{f}_X(x) - f_X(x)]^2}{f_X(x)^3}$$

である.定理 1.4.1 より

$$E\left[\frac{\widehat{f}(x,y)}{f_X(x)}\right] = \frac{f(x,y)}{f_X(x)} + \frac{h^2\sigma_K^2}{2f_X(x)}\Big\{f_{xx}(x,y) + f_{yy}(x,y)$$
$$-f(x,y)\frac{f_X^{(2)}(x)}{f_X(x)}\Big\} + O(h^3),$$
$$E\left[\frac{\widehat{f}(x,y)}{f_X(x)^2}\left\{\widehat{f}_X(x) - f_X(x)\right\}\right] = \frac{f(x,y)}{f_X(x)^2}E\left[\widehat{f}_X(x) - f_X(x)\right]$$
$$+ \frac{1}{f_X(x)^2}E\left[\left\{\widehat{f}(x,y) - f(x,y)\right\}\left\{\widehat{f}_X(x) - f_X(x)\right\}\right]$$

が得られる．ここで直接計算をすると

$$E\left[\left\{\widehat{f}(x,y) - f(x,y)\right\}\left\{\widehat{f}_X(x) - f_X(x)\right\}\right]$$
$$= \frac{1}{n^2}\sum_{i=1}^{n} E\left[\left\{\frac{1}{h^2}K\left(\frac{x-X_i}{h}\right)K\left(\frac{y-Y_i}{h}\right) - f(x,y)\right\}\right.$$
$$\left. \times \left\{\frac{1}{h}K\left(\frac{x-X_i}{h}\right) - f_X(x)\right\}\right]$$
$$+ \frac{1}{n^2}\sum_{i\neq j}^{n} E\left[\left\{\frac{1}{h^2}K\left(\frac{x-X_i}{h}\right)K\left(\frac{y-Y_i}{h}\right) - f(x,y)\right\}\right.$$
$$\left. \times \left\{\frac{1}{h}K\left(\frac{x-X_j}{h}\right) - f_X(x)\right\}\right]$$

となる．さらに $s = (x-u)/h$, $t = (y-v)/h$ の変数変換を使うと

$$E\left[\frac{1}{h^3}\left\{K\left(\frac{x-X_i}{h}\right)\right\}^2 K\left(\frac{y-Y_i}{h}\right)\right]$$
$$= \iint_{\mathbf{R}^2} \frac{1}{h^3}\left\{K\left(\frac{x-u}{h}\right)\right\}^2 K\left(\frac{y-v}{h}\right) f(u,v) du dv$$
$$= \frac{1}{h}\iint_{\mathbf{R}^2} K(s)^2 K(t) f(x-hs, y-ht) ds dt$$

と変形できる．したがって

$$\frac{1}{n^2}\sum_{i=1}^{n} E\left[\frac{1}{h^3}\left\{K\left(\frac{x-X_i}{h}\right)\right\}^2 K\left(\frac{y-Y_i}{h}\right)\right] = O\left(\frac{1}{nh}\right)$$

が得られる．また $i \neq j$ のとき，(X_i, Y_i) と (X_j, Y_j) は独立であるから，通常の 1 次元と 2 次元の密度関数推定量のバイアスから

$$\frac{1}{n^2}\sum_{i\neq j}^{n} E\left[\left\{\frac{1}{h^2}K\left(\frac{x-X_i}{h}\right)K\left(\frac{y-Y_i}{h}\right) - f(x,y)\right\}\right.$$
$$\left. \times \left\{\frac{1}{h}K\left(\frac{x-X_j}{h}\right) - f_X(x)\right\}\right]$$
$$= \frac{n(n-1)}{n^2} E\left[\left\{\frac{1}{h^2}K\left(\frac{x-X_i}{h}\right)K\left(\frac{y-Y_i}{h}\right) - f(x,y)\right\}\right]$$
$$\times E\left[\left\{\frac{1}{h}K\left(\frac{x-X_j}{h}\right) - f_X(x)\right\}\right]$$
$$= O(h^4)$$

3.1 ノンパラメトリック回帰

となる．この評価から

$$\frac{\widehat{f}(x,y)}{f_X(x)^3}\left\{\widehat{f}_X(x)-f_X(x)\right\}^2$$

の期待値は $O\left(\frac{1}{nh}+h^4\right)$ となることがわかる．

次に $\widehat{f}(x,y)L_n$ について，密度比に対する Chen et al.(2009) の証明法と同様にして評価していく．

$$S=\left\{\omega \mid \left|\widehat{f}_X(x)-f_X(x)\right| \leq \frac{1}{2}f_X(x)\right\}$$

とおくと定義関数 $I(\cdot)$ に対して

$$E[|\widehat{f}(x,y)L_n|]=E[|L_n|I(S)]+E[|L_n|I(S^c)]$$

となる．このときテイラー展開より $|\tau|\leq 1$ があって

$$L_n=\frac{1}{\left\{f_X(x)+\tau[\widehat{f}_X(x)-f_X(x)]\right\}^4}\left[\widehat{f}_X(x)-f_X(x)\right]^3$$

と表せる．ここで S の上では

$$\frac{1}{\left\{f_X(x)+\tau[\widehat{f}_X(x)-f_X(x)]\right\}^4}=O(1)$$

であるから補題 1.2.2 より

$$E[|L_nI(S)|]=O(1)E|\widehat{f}_X(x)-f_X(x)|^3=O(n^{-3/2}h^{-2}+h^6)$$

が成り立つ．

S^c が成り立つときを考える．L_n を直接変形すると

$$|L_n|=\left|\frac{1}{\widehat{f}_X(x)}-\frac{1}{f_X(x)}+\frac{1}{[f_X(x)]^2}[\widehat{f}_X(x)-f_X(x)]\right.$$
$$\left.-\frac{1}{[f_X(x)]^3}[\widehat{f}_X(x)-f_X(x)]^2\right|$$
$$\leq \left|\frac{1}{\widehat{f}_X(x)}+\frac{3}{f_X(x)}+\frac{4\widehat{f}_X(x)}{f_X(x)^2}+\frac{[\widehat{f}_X(x)]^2}{f_X(x)^3}\right|$$

が得られる．ここで $\widehat{f}_X(x) \geq \frac{m}{nh}$ より $\widehat{f}_X(x)^{-1} \leq \frac{nh}{m}$ が成り立ち，さらに $\widehat{f}_X(x) \leq \frac{M}{h}$ であるから

$$|L_n| \leq \left| \frac{nh}{m} + \frac{3}{f_X(x)} + \frac{4M}{hf_X(x)^2} + \frac{M^2}{h^2 f_X(x)^3} \right|$$

の評価が得られる．よって

$$|E[L_n I(S^c)]| = O\left(\frac{nh}{m}\right) E[I(S^c)]$$
$$= O\left(\frac{nh}{m}\right) P\left(\left|\widehat{f}_X(x) - f_X(x)\right| \geq \frac{f_X(x)}{2}\right)$$

が成り立つ．ここで

$$P\left(\left|\widehat{f}_X(x) - f_X(x)\right| \geq \frac{f_X(x)}{2}\right)$$
$$\leq P\left(\left|\widehat{f}_X(x) - E[\widehat{f}_X(x)]\right| \geq \frac{f_X(x)}{4}\right)$$
$$+ P\left(\left|E[\widehat{f}_X(x)] - f_X(x)\right| \geq \frac{f_X(x)}{4}\right)$$

の評価式が成り立つ．また十分に大きな n に対して，定理 1.2.1 より

$$P\left(\left|E[\widehat{f}_X(x)] - f_X(x)\right| \geq \frac{f_X(x)}{4}\right) = 0$$

となる．$\widehat{f}_X(x)$ は互いに独立で同じ分布に従う確率変数の和であるから，**大偏差確率**の評価（カーネル型密度関数については Rao(1983 p.184)，U-統計量については Malevich & Abdalimov(1979) を参照）が適用できて

$$P\left(\left|\widehat{f}_X(x) - E[\widehat{f}_X(x)]\right| \geq \frac{f_X(x)}{4}\right) \leq \exp\{-Cnh\}$$

の上限が得られる．指数のオーダーに $-n$ があるから，任意の $d > 0$ に対して $\exp\{-Cnh\}$ は n^{-d} よりも早く 0 に収束し，求める不等式が成り立つ．

次に分散を考えるが，残差項の評価は同様にできる．また，さきの式 (3.3) の近似より，分散は $V[\widehat{f}(x,y)]$ と $V[\widehat{f}_X(x)]$ を考えればよいが，それぞれの分散の主要項が $O\left(\frac{1}{nh^2}\right)$ と $O\left(\frac{1}{nh}\right)$ となり，条件付き密度関数の分散の主要項は

$$V\left[\frac{\widehat{f}(x,y)}{f_X(x)}\right]$$

となる. したがって 2 次元の密度関数推定量の分散より定理が成り立つ. 詳しく調べると誤差項は $O\left(\frac{1}{nh}\right)$ となる. □

条件付き密度関数の推定量 (3.2) を式 (3.1) に置き換え, $\int K(u)du = 1$, $\int uK(u)du = 0$ となる 2 次オーダー・カーネルを考えると

$$\begin{aligned}\int_{-\infty}^{\infty} y \frac{1}{h_y} K\left(\frac{y-Y_i}{h_y}\right) dy &= \int_{-\infty}^{\infty} (h_y u + Y_i) K(u) dy \\ &= h_y \int_{-\infty}^{\infty} uK(u)du + Y_i \int_{-\infty}^{\infty} K(u)du \\ &= Y_i\end{aligned}$$

が成り立つ. したがって $m(x)$ の推定量として

$$\begin{aligned}\widehat{m}_{NW}(x) &= \int_{-\infty}^{\infty} y \frac{\widehat{f}(x,y)}{\widehat{f}_X(x)} dy \\ &= \frac{1}{\sum_{i=1}^{n} K\left(\frac{x-X_i}{h_x}\right)} \sum_{i=1}^{n} K\left(\frac{x-X_i}{h_x}\right) \int_{-\infty}^{\infty} y \frac{1}{h_y} K\left(\frac{y-Y_i}{h_y}\right) dy \\ &= \frac{1}{\sum_{i=1}^{n} K\left(\frac{x-X_i}{h_x}\right)} \sum_{i=1}^{n} K\left(\frac{x-X_i}{h_x}\right) \int_{-\infty}^{\infty} (h_y u + Y_i) K(u) du \\ &= \frac{\sum_{i=1}^{n} K\left(\frac{x-X_i}{h_x}\right) Y_i}{\sum_{i=1}^{n} K\left(\frac{x-X_i}{h_x}\right)}\end{aligned}$$

が得られる. これを**ナダラヤ・ワトソン推定量** (Nadaraya(1964), Watson(1964)) と呼ぶ. この推定量の平均二乗誤差は次の定理で与えられる.

定理 **3.1.2**

定理 3.1.1 の条件の下で, $X_1 = x$ を与えたときの条件付き分散 $V[Y_1|X_1 = x]$ が存在すると仮定する. また

$$\lim_{y \to \pm\infty} yf_y(x,y) = \lim_{y \to \pm\infty} f(x,y) = 0$$

と仮定する. このとき $\widehat{m}_{NW}(x)$ の平均と分散は

$$E[\widehat{m}_{NW}(x)]$$
$$= m(x) + \frac{h_x^2 \sigma_K^2}{2} \int y \left\{ \frac{f_{xx}(x,y)}{f_X(x)} - \frac{f(x,y)f_X^{(2)}(x)}{f_X(x)^2} \right\} dy + O\left(h_x^3 + h_y^3\right),$$

$$V[\widehat{m}_{NW}(x)]$$
$$= \frac{R(K)}{nh_x f_X(x)} V[Y_1|X_1=x] + O\left(\{h_x^3 + h_y^3\}^2\right) + O\left(\frac{1}{n}\right)$$

となり，平均二乗誤差は

$$E\left[\widehat{m}_{NW}(x) - m(x)\right]^2$$
$$= \frac{h_x^4 \sigma_K^4}{4} \left[\int y \left\{ \frac{f_{xx}(x,y)}{f_X(x)} - \frac{f(x,y)f_X^{(2)}(x)}{f_X(x)^2} \right\} dy\right]^2$$
$$+ \frac{R(K)}{nh_x f_X(x)} V[Y_1|X_1=x] + O\left(\{h_x^3 + h_y^3\}^2\right) + O\left(\frac{1}{n}\right)$$

で与えられる．

この推定量は各データに対して変数 x に依存した局所的な重み

$$w(X_i, x) = \frac{K\left(\frac{x-X_i}{h_x}\right)}{\sum_{i=1}^n K\left(\frac{x-X_i}{h_x}\right)}$$

を付けて，加えたものになっている．一般化して $m(x)$ の非線形推定量は

$$\widehat{m}(x) = \sum_{i=1}^n w(X_i, x) Y_i$$

の形で議論されており，**スプライン平滑化法**や**動径基底関数**による $w(X_i, x)$ の構築法も提案され，その理論的な性質も研究されている（井元・小西 (1999)，安道・井元・小西 (2001) を参照）．

3.1.2 シングル・インデックスモデル

回帰分析において，共変量が多次元のときにカーネル型推測に対する次元の呪いを回避する一つの方法として，パラメトリックな推測を取り入れ

たセミ・パラメトリックな**シングル・インデックスモデル**がある．目的変数を $Y \in \mathbf{R}$，説明変数（共変量）を $\boldsymbol{X} \in \mathbf{R}^d$ $(d \geq 1)$ とする．このとき回帰関数 $E(Y|\boldsymbol{X})$ の推定を考える．カーネル法を直接適用すると，$\boldsymbol{X}$ の周辺密度関数および，$(Y, \boldsymbol{X})$ の同時確率密度関数の推定量を利用することになり，次元が高いと，収束のオーダーが遅くなるという次元の呪いを受ける．そこで $\boldsymbol{X}$ の影響は $\boldsymbol{X} \in \mathbf{R}^d$ から $\mathbf{R}$ への関数 $s(\boldsymbol{x}; \boldsymbol{\beta})$ を通して Y に及ぶと仮定するのがシングル・インデックスモデルである．すなわち

$$E(Y|\boldsymbol{X}) = g\left\{s(\boldsymbol{X}; \boldsymbol{\beta})\right\}$$

の構造を仮定する．ここで関数 $s(\boldsymbol{x}; \boldsymbol{\beta})$ において $\boldsymbol{\beta}$ は未知であるが，他は既知で，関数 $g(\cdot)$ は未知とする．推定法としては，まず $\sqrt{n}$ オーダーの一致性を持つ推定量 $\widehat{\boldsymbol{\beta}}$ を構成し，その後にナダラヤ・ワトソン推定を行うものである．$\boldsymbol{\beta}$ の推定としては，最小二乗法や最尤推定などのパラメトリックな手法を使うことが多い．この方法で得られる回帰関数は，多くの場合 $\sqrt{n}$ オーダーの一致性を持たないが，単純なノンパラメトリック回帰よりは収束の精度が良くなる．

具体的には d-次元の共変量 $\boldsymbol{X}$ と d-次元の未知係数（重み）$\boldsymbol{\beta}$ に対して $g(\cdot)$ を未知の滑らかな関数とし

$$Y_i = g\left\{s(\boldsymbol{X}_i; \boldsymbol{\beta})\right\} + \varepsilon_i \quad (n = 1, 2, \ldots, n)$$

のモデルを考える．典型的な例としては $s(\boldsymbol{x}; \boldsymbol{\beta}) = \boldsymbol{x}^\top \boldsymbol{\beta}$ の線形モデルがある．このとき $\boldsymbol{\beta}$ を最小二乗法で推定し $\widehat{\boldsymbol{\beta}}$ を求め，インデックスの値 $\widehat{\theta}_i = \boldsymbol{X}_i^\top \widehat{\boldsymbol{\beta}}$ に対して

$$\widehat{g}_h(z) = \frac{\sum_{i=1}^n K\left(\frac{z - \widehat{\theta}_i}{h}\right) Y_i}{\sum_{i=1}^n K\left(\frac{z - \widehat{\theta}_i}{h}\right)}$$

を回帰関数とする．これがシングル・インデックスモデルの代表的なものである．このほかにも**セミ・パラメトリック**な重み付き最小二乗法

$$\min_{\boldsymbol{\beta}} \frac{1}{n}\sum_{i=1}^{n}\{Y_i - E[Y_i|s(\boldsymbol{X}_i;\boldsymbol{\beta})]\}^2 w(\boldsymbol{X}_i)$$

で $\boldsymbol{\beta}$ を求める方法も提案されている．ここで $w(\boldsymbol{X}_i)$ は重みである．

このモデルの動機付けは Ichimura (1993) において説明されており，Härdle et al.(2004) で詳しく解説されている．

3.1.3 分位点のカーネル型推定

母集団分布を $F(\cdot)$ とするとき，統計的推測で重要な p-**分位点** $Q(p) = F^{-1}(p) = \inf\{x : F(x) \geq p\}$ のカーネル型推定について考察する．推定量の漸近正規性は容易に示すことができる．また確率密度関数や分布関数のカーネル型推定量は独立で同一分布の和で表現されることから，エッジワース展開を求めることも比較的簡単である．ここでは応用的にも重要な分位点のカーネル型推定量のエッジワース展開を議論する．

分位点は**バリュー・アット・リスク** (VaR, value at risk) のような金融関連の指標や災害リスクの予測などに利用されており，統計的推測の重要な推測対象である．正規母集団のようなパラメトリックなモデルでは母平均と母分散の推定量を利用して分位点を求めることになる．他方よく利用されるノンパラメトリックな $Q(p)$ の推定量としては，経験分布関数

$$F_n(x) = \frac{1}{n}\sum_{i=1}^{n} I(X_i \leq x)$$

に対して $\xi_{pn} = \inf\{x : F_n(x) \geq p\}$ で与えられる**標本分位点**がある．この推定量の漸近分散は

$$\sigma^2 = \frac{p(1-p)}{nf^2(Q(p))}$$

で与えられる．この推定量は元の経験分布関数が不連続なことから，推定量自体も p に関して不連続になる．

この欠点を補う一つの方法として滑らかな推測結果を与えるカーネル法に基づく推定量が提案されている．$K(\cdot)$ を適当なカーネル関数とすると

き分位点の推定量は

$$\widehat{Q}_{p,h} = \frac{1}{h}\int_0^1 F_n^{-1}(x)K\left(\frac{x-p}{h}\right)dx \tag{3.4}$$

で与えられる．この推定量は $F_n(\cdot)$ が $\sqrt{n}$ の一致性を持つことから，同じく $\sqrt{n}$ の一致性を持つことが示せる．式 (3.4) の形式は L-統計量と呼ばれる統計量のクラスに含まれる形をしているが，バンド幅 h を含むために通常の L-統計量の議論を修正する必要がある．$X_{(1)} \leq X_{(2)} \leq \cdots \leq X_{(n)}$ を順序統計量とすると $\widehat{Q}_{p,h}$ は

$$\widehat{Q}_{p,h} = \sum_{i=1}^n v_{i,n}X_{(i)}, \quad v_{i,n} = \frac{1}{h}\int_{(i-1)/n}^{i/n} K\left(\frac{x-p}{h}\right)dx$$

と表現できる．通常の L-統計量は $\int_0^1 F_n^{-1}(u)J(u)du$ で定義される．ここで $J(u)$ はスコア関数と呼ばれており，n には依存しない．しかし $K\left(\frac{x-p}{h}\right)$ に含まれる h は n に依存するために，これまで得られている結果を直接適用することはできない．後で検証するように $\widehat{Q}_{p,h}$ は U-統計量で近似できるので，**漸近 U-統計量**の結果（前園 (2001)）を利用することにより，漸近正規性やエッジワース展開を求めることができる．

3.1.4 標準化分位点推定量のエッジワース展開

U-統計量の H-分解を利用すると，$\widehat{Q}_{p,h}$ の漸近表現を求めることができる．$[-1,1]$ のサポートを持つ，次の条件を満たす m-次オーダー・カーネル関数 $K(\cdot)$ を考える．すなわち

$$K(x) \in L^2(-\infty,\infty), \quad K^{(m)}(x) \in \mathrm{Lip}(\alpha)\ (\alpha > 0), \quad \int_{-1}^1 K(x)dx = 1,$$

$$\int_{-1}^1 x^i K(x)dx = 0\ (i=1,2,\ldots,m-1), \quad \int_{-1}^1 x^m K(x)dx \neq 0$$

と仮定する．ただしリプシッツ条件 $K^{(m)}(x) \in \mathrm{Lip}(\alpha)$ は

$$|K^{(m)}(x) - K^{(m)}(y)| \leq \alpha|x-y|$$

を意味する．またバンド幅に対しては，任意の $\beta > 0$ に対して

$$h = o(n^{-1/4}), \qquad \lim_{n\to\infty}(n^{1/4}h)^{-k}n^{-\beta} = 0 \qquad (3.5)$$

と仮定する．具体的には $h = n^{-1/4}(\log n)^{-1}$ をイメージして考察している．$\{Y_i\}_{i=1,\cdots,n}$ を互いに独立で同じ一様分布 $U(0,1)$ に従う確率変数とし，次の記号を準備する．

$$\overline{Q}(p) := \frac{1}{h}\int_0^1 F^{-1}(x)K\left(\frac{x-p}{h}\right)dx,$$
$$\widehat{I}_x(Y_1) := I(Y_1 \le p + hx) - (p + hx),$$
$$g_{1n}(Y_1) := -\int_{-1}^1 Q'(p+hx)K(x)\widehat{I}_x(Y_1)dx,$$
$$\sigma_n^2 := V(g_{1n}(Y_1)),$$
$$d_{1n} := \sigma_n^{-1}n^{-1/2}, \quad d_{2n} := \sigma_n^{-1}n^{-3/2}h^{-1}, \quad d_{3n} := \sigma_n^{-1}n^{-5/2}h^{-2},$$
$$g_{2n}(Y_1, Y_2) := -\int_{-1}^1 Q'(p+hx)K'(x)\widehat{I}_x(Y_1)\widehat{I}_x(Y_2)dx,$$
$$g_{3n}(Y_1, Y_2, Y_3) := -\int_{-1}^1 Q'(p+hx)K^{(2)}(x)\widehat{I}_x(Y_1)\widehat{I}_x(Y_2)\widehat{I}_x(Y_3)dx,$$
$$\widetilde{g}_{1n}(Y_1) := -\frac{1}{2}\int_{-1}^1 Q'(p+hx)K^{(2)}(x)E[\{\widehat{I}_x(Y_2)\}^2]\widehat{I}_x(Y_1)dx,$$
$$A_{1n} := \sum_{i=1}^n g_{1n}(Y_i), \quad A_{2n} := \sum_{C_{n,2}} g_{2n}(Y_i, Y_j),$$
$$A_{3n} := \sum_{C_{n,3}} g_{3n}(Y_i, Y_j, Y_k), \quad \widetilde{A}_{1n} := \sum_{i=1}^n \widetilde{g}_{1n}(Y_i).$$

分散 σ_n^2 は定義より

$$E[\{g_{1n}(Y_1)\}^2] = 2\iint_{-1 \le x \le u \le 1} Q'(p+hx)Q'(p+hu)K(x)K(u)$$
$$\times \{p + hx - (p+hx)(p+hu)\}dxdu$$
$$= \{Q'(p)\}^2 p(1-p) + O(h)$$

となる．漸近分散については逆関数の微分の性質から $\{Q'(p)\}^2 p(1-p) = p(1-p)/\{f(Q(p))\}^2$ と表現できて，標本分位点の分散の主要項と一致す

3.1 ノンパラメトリック回帰

標準化分位点推定量 $\widehat{Q}_{p,h}$ の漸近表現を利用して,Maesono & Penev (2011) はエッジワース展開を求めている.

定理 3.1.3

元の母集団分布関数は $\int [F(x)(1-F(x))]^{1/5} dx < \infty$ の条件を満たし,$Q^{(m)}(\cdot)$ は p ($0 < p < 1$) の近傍で一様に有界で $f(Q(p)) > 0$ とする.さらにカーネル関数 $K(x)$ は 4 次オーダー・カーネルで $K^{(4)}(x) \in \text{Lip}(\alpha)$ ($\alpha > 0$) とする.$\delta = Q'(p)(\frac{1}{2} - p) + \frac{1}{2} Q^{(2)}(p) p(1-p)$ とおき h は条件 (3.5) を満たすとする.このとき

$$P\left(\frac{\sqrt{n}\{\widehat{Q}_{p,h} - \overline{Q}(p)\}}{\sigma_n} \leq x\right) = G_n\left(x - \frac{\delta}{n^{1/2}\sigma_n}\right) + o(n^{-1/2}) \quad (3.6)$$

が成り立つ.ただし

$$G_n(x) = \Phi(x) - \phi(x)\bigg\{\frac{x^2 - 1}{6n^{1/2}\sigma_n^3}\left(e_{1n} + \frac{3e_{2n}}{h}\right)$$
$$+ \frac{1}{nh^2}\bigg(\frac{x}{4\sigma_n^2}\{4e_{5n} + e_{6n}\} + \frac{x^3 - 3x}{6\sigma_n^4}\{3e_{2n} + e_{4n}\}$$
$$+ \frac{x^5 - 10x^3 + 15x}{8\sigma_n^6} e_{2n}^2\bigg)\bigg\},$$

$$e_{1n} = E[\{g_{1n}(Y_1)\}^3], \quad e_{2n} = E[g_{1n}(Y_1)g_{1n}(Y_2)g_{2n}(Y_1, Y_2)],$$
$$e_{3n} = E[g_{1n}(Y_2)g_{1n}(Y_3)g_{2n}(Y_1, Y_2)g_{2n}(Y_1, Y_3)],$$
$$e_{4n} = E[g_{1n}(Y_1)g_{1n}(Y_2)g_{1n}(Y_3)g_{3n}(Y_1, Y_2, Y_3)],$$
$$e_{5n} = E[g_{1n}(Y_1)\widetilde{g}_{1n}(Y_1)], \quad e_{6n} = E[\{g_{2n}(Y_1, Y_2)\}^2]$$

である.

条件 $\int [F(x)(1-F(x))]^{1/5} dx < \infty$ はモーメントの存在を仮定すると成り立つことが示せる.すなわち,ある $\beta > 0$ に対して $E(|X_1|^{5+\beta}) < \infty$ ならば,この積分が存在する.バンド幅 h を含まない通常の統計量であれば,$n^{-1/2}$ の項までのエッジワース展開では,$e_{3n}, e_{4n}, e_{5n}, e_{6n}$ の項は不要である.また,もしカーネル関数が $K(-u) = K(u)$ で 4 次オーダ

一・カーネルとすると展開は

$$P\left(\frac{\sqrt{n}\{\widehat{Q}_{p,h} - \overline{Q}(p)\}}{\sigma_n} \leq x\right)$$
$$= \Phi(x) - \phi(x)\left\{\frac{x^2 - 1}{6n^{1/2}\sigma_n^3}\left(e_{1n} + \frac{3e_{2n}}{h}\right) + \frac{\delta}{n^{1/2}\sigma_n}\right\} + o(n^{-1/2})$$

と簡単になる．

このエッジワース展開を利用すると，有意確率の近似の改良や，近似信頼区間の信頼係数の改善を行うことができる．例えば信頼係数 $1-\alpha$ の近似信頼区間は

$$\left(\widehat{Q}_{p,h} - c_{1-\alpha/2}\frac{\sigma_n}{\sqrt{n}}, \quad \widehat{Q}_{p,h} - c_{\alpha/2}\frac{\sigma_n}{\sqrt{n}}\right) \tag{3.7}$$

を元にして構成される．ここで $c_{1-\alpha/2}$ と $c_{\alpha/2}$ はエッジワース展開を利用して求めることになる．式 (3.6) に基づく α-点の近似 c_α は，z_α を標準正規分布の $N(0,1)$ の α-点とすると

$$c_\alpha = z_\alpha + \frac{z_\alpha^2 - 1}{6n^{1/2}\sigma_n^3}\left(e_{1n} + \frac{3e_{2n}}{h}\right) + \frac{\delta}{n^{1/2}\sigma_n}$$

で与えられる．ここで $\eta(x) = \phi(x)(x^2 - 1)$ とおくと

$$\Phi(c_\alpha)$$
$$= \Phi(z_\alpha) + \phi(z_\alpha)\left\{\frac{z_\alpha^2 - 1}{6n^{1/2}\sigma_n^3}\left(e_{1n} + \frac{3e_{2n}}{h}\right) + \frac{\delta}{n^{1/2}\sigma_n}\right\} + o(n^{-1/2}),$$
$$\frac{\eta(c_\alpha)}{6n^{1/2}\sigma_n^3}\left(e_{1n} + \frac{3e_{2n}}{h}\right)$$
$$= \eta(z_\alpha)\left(\frac{e_{1n}}{6n^{1/2}\sigma_n^3} + \frac{e_{2n}}{2n^{1/2}h\sigma_n^3}\right) + o(n^{-1/2}), \frac{\delta}{n^{1/2}\sigma_n}\phi(c_\alpha)$$
$$= \frac{\delta}{n^{1/2}\sigma_n}\phi(z_\alpha) + o(n^{-1/2})$$

となるから

$$P\left(\frac{\sqrt{n}\{\widehat{Q}_{p,h} - Q(p)\}}{\sigma_n} \leq c_\alpha\right) = \alpha + o(n^{-1/2}) \tag{3.8}$$

の近似が成り立つ．式 (3.7) から信頼区間を構成するためには，標準偏差

3.1 ノンパラメトリック回帰　　　　　　　　　　　　　　　　　61

σ_n および c_α に含まれる未知母数 e_{1n}, e_{2n} の推定量を求めて代入する必要がある．推定量はジャックナイフ法などを利用して構成できるが，標準偏差の推定量を代入すると式 (3.8) はもはや成立しない．したがってこの信頼区間は正規近似に基づくものと理論的には同等の精度しか持たないことになる．実際に利用するときにはスチューデント化分位点推定量のエッジワース展開を求めることが重要になる．Maesono & Penev(2013) ではスチューデント化分位点推定量の漸近表現を利用して，エッジワース展開を求めている．

3.1.5　ハザード関数の推定

点 x におけるハザード関数は

$$H(x) = \frac{f(x)}{1-F(x)}$$

で定義され，**生存時間解析**において基本的な道具となっている．ハザード比はいわゆる「死」や破産などのイベントの発生の条件付き確率の極限

$$\lim_{\Delta x \to 0} \frac{P(x \leq T < x+\Delta x | T \geq x)}{\Delta x}$$

を意味する．ここではこの関数のカーネル型推定を考える．

$X_1, X_2, \ldots, X_n$ を互いに独立で同じ分布に従う確率変数とし，その分布を $F(\cdot)$，密度関数を $f(\cdot)$ とし $f(x) > 0$，および $1 - F(x) > 0$ を仮定する．このとき $H(x)$ の自然なカーネル型推定量として

$$\widehat{H}(x) = \frac{\widehat{f}_n(x)}{1-\widehat{F}_n(x)}$$

が考えられる．ただし

$$\widehat{f}_n(x) = \frac{1}{nh}\sum_{i=1}^n K\left(\frac{x-X_i}{h}\right), \quad \widehat{F}_n(x) = \frac{1}{n}\sum_{i=1}^n W\left(\frac{x-X_i}{h}\right)$$

であり $K(\cdot)$ はカーネル関数，$W(\cdot)$ はその積分

$$W(t) = \int_{-\infty}^{t} K(u)du$$

である．この自然な推定量の漸近バイアスと分散は定理 3.1.4 で与えられる．ただしハザード関数の推定では，分母の推定量が 0 となる確率の評価が必要になる．$1 - F(x) > 0$ であるから n が十分大きいときには $1 - \widehat{F}_n(x) > 0$ となる．したがって下記の議論では n が十分大きいときで，期待値および分散が存在すると仮定している．

定理 3.1.4

密度関数 $f(\cdot)$ に対して $f^{(3)}(\cdot)$ が存在して有界，$K(\cdot)$ は 2 次オーダー・カーネルで $\int u^2 K(u)du < \infty$, $\int K(u)^2 du < \infty$ とする．このとき期待値と分散は

$$E\left[\widehat{H}(x)\right] = H(x) + h^2 \frac{A_{2,1}}{2} \left[\frac{(1-F)f'' + ff'}{(1-F)^2}\right](x) + O(h^3),$$

$$V\left[\widehat{H}(x)\right] = \frac{A_{0,2}}{nh} \left[\frac{f}{(1-F)^2}\right](x) + O\left(\frac{1}{nh^{1/2}}\right)$$

となる．ただし

$$A_{i,j} = \int_{-\infty}^{\infty} u^i K^j(u)du$$

である．また関数記号は

$$\left[\frac{(1-F)f'' + ff'}{(1-F)^2}\right](x) = \frac{(1-F(x))f''(x) + f(x)f'(x)}{(1-F(x))^2}$$

を表す．よって漸近平均二乗誤差は

$$\begin{aligned}&\text{AMSE}\left[\widehat{H}(x)\right] \\ &= \frac{A_{0,2}}{nh}\left[\frac{f}{(1-F)^2}\right](x) + h^4 \frac{A_{2,1}^2}{4} \left\{\left[\frac{(1-F)f'' + ff'}{(1-F)^2}\right](x)\right\}^2\end{aligned}$$

で与えられる．

3.1.6 コルモゴロフ・スミルノフ検定

位置母数や尺度母数などの特徴付けをもとにして検定を構成するのではなく，全てを含む形での検定として**コルモゴロフ・スミルノフ検定** (Kolmogorov-Smirnov test) が提案されている．元になる検定統計量は経験分布関数を利用しているが，ここではカーネル型分布関数推定量を利用したコルモゴロフ・スミルノフ検定について議論する．

[一標本検定]

$X_1, X_2, \ldots, X_n$ を母集団 $F(\cdot)$ からの無作為標本とする．この標本に基づく経験分布関数

$$F_n(x) = \frac{1}{n}\sum_{i=1}^{n} I(X_i \leq x)$$

を使って位置母数や尺度母数などの母数に依存しないコルモゴロフ・スミルノフ検定が構成できる．「帰無仮説 $H_0 : F \equiv F_0$ vs. 対立仮説 $H_1 : H_0$ ではない」の検定問題を考える．ただし $F_0(\cdot)$ は既知の分布関数である．この検定問題に対して

$$KS_{1;n} = \sup_{-\infty < x < \infty} |F_n(x) - F_0(x)|$$

を利用するのが一標本コルモゴロフ・スミルノフ検定である．有意確率は実現値 $ks_{1;n}$ に対して $P_0(KS_{1;n} \geq ks_{1;n})$ で与えられる．$F_0(\cdot)$ は指定された既知の関数で，帰無仮説 H_0 の下で $x \in \mathbf{R}$ を固定すると

$$P\left(F_n(x) = \frac{\ell}{n}\right) = \binom{n}{\ell}[F_0(x)]^\ell [1 - F_0(x)]^{n-\ell}$$

の確率を求めることができる．したがって $KS_{1;n}$ の分布は帰無仮説の下で，理論的には求めることはできるが，分布はかなり複雑になる．標本数 n が大きいときには

$$\lim_{n\to\infty} P(\sqrt{n}KS_{1;n} \geq x) = 2\sum_{\ell=1}^{\infty}(-1)^{\ell-1}\exp(-2\ell^2 x^2)$$

の近似が成り立つ（Govindarajulu(2007) を参照）．実際の応用では $\ell = 1$ の $2\exp(-2x^2)$ の近似で十分である．

上記の検定統計量において，経験分布関数をカーネル型推定量に置き換える検定が提案されている．すなわち

$$\widehat{KS}_{1;n} = \sup_{x\in\mathbf{R}}|\widehat{F}_n(x) - F_0(x)|$$

を使って帰無仮説 $F \equiv F_0$ の検定を行うことができる．このとき

$$\sup_{x\in\mathbf{R}}|\widehat{F}_n(x) - F(x)| \to 0 \text{ (a.s.)}$$

が成り立つ．また n が大きいときには通常の経験分布関数を利用する検定と同じく，帰無仮説の下で

$$\lim_{n\to\infty} P(\sqrt{n}\widehat{KS}_{1;n} \geq x) = 2\sum_{\ell=1}^{\infty}(-1)^{\ell-1}\exp(-2\ell^2 x^2)$$

が成り立つ．これを利用して有意確率の近似を求めることができる．

[二標本検定]

$X_1, X_2, \ldots, X_m$ を母集団分布 $F(\cdot)$ からの無作為標本とし，$Y_1, Y_2, \ldots, Y_n$ を母集団分布 $G(\cdot)$ からの無作為標本とする．このとき，「帰無仮説 $H_0 : F \equiv G$ vs. 対立仮説 $H_1 : F(x_0) \neq G(x_0)$ となる点 x_0 が存在する」の検定問題を考える．この検定問題は位置母数検定や尺度母数検定を含む一般的なものになっている．この問題には二標本コルモゴロフ・スミルノフ検定が利用できる．すなわち，それぞれの標本に基づく経験分布関数を

3.1 ノンパラメトリック回帰

$$F_m(x) = \frac{1}{m} \sum_{i=1}^{m} I(X_i \leq x),$$
$$G_n(x) = \frac{1}{n} \sum_{j=1}^{n} I(Y_j \leq x)$$

とおくとき，検定統計量

$$KS_{2;N} = \sup_{-\infty < x < \infty} |F_m(x) - G_n(x)|$$

を利用する検定である．ここで $N = m + n$ とする．

R_i を Y_i の全体 $\{X_1, X_2, \ldots, X_m, Y_1, Y_2, \ldots, Y_n\}$ の中での小さい方からの順位とし ($i = 1, 2, \ldots, n$)，同様に S_j を X_j の全体 $\{X_1, X_2, \ldots, X_m, Y_1, Y_2, \ldots, Y_n\}$ の中での小さい方からの順位とする ($j = 1, 2, \ldots, m$)．さらに $\{X_1, X_2, \ldots, X_m, Y_1, Y_2, \ldots, Y_n\}$ を小さい順に並べた順序統計量を $Z_{(1)}, \ldots, Z_{(m)}, Z_{(m+1)}, \ldots, Z_{(N)}$ とする．ここで

$$L_k = \#\{X_i \leq Z_{(k)}\}$$

とおくと

$$\begin{aligned}
KS_{2;N} &= \sup_{-\infty < x < \infty} |F_m(x) - G_n(x)| \\
&= \sup_{-\infty < x < \infty} \left| \frac{1}{m} \sum_{i=1}^{m} I(X_i \leq x) - \frac{1}{n} \sum_{j=1}^{n} I(Y_j \leq x) \right| \\
&= \max_{1 \leq k \leq N} \left| \frac{1}{m} \sum_{i=1}^{m} I(X_i \leq Z_{(k)}) - \frac{1}{n} \sum_{j=1}^{n} I(Y_j \leq Z_{(k)}) \right| \\
&= \max_{1 \leq k \leq N} \left| \frac{1}{m} L_k - \frac{1}{n} (k - L_k) \right|
\end{aligned}$$

が成り立つ．$R_1, R_2, \ldots, R_n, S_1, S_2, \ldots, S_m$ が与えられれば L_k の値は決まる．したがって帰無仮説 H_0 の下で，$R_1, R_2, \ldots, R_n, S_1, S_2, \ldots, S_m$ の分布は母集団分布に依存しないから $KS_{2;N}$ による検定は母集団分布に依存しない．m, n が大きい時には一標本と同じように

$$\lim_{N\to\infty} P\left(\sqrt{\frac{mn}{N}}KS_{2;N} \geq x\right) = 2\sum_{\ell=1}^{\infty}(-1)^{\ell-1}\exp(-2\ell^2 x^2)$$

の近似が成り立つ（Govindarajulu(2007) を参照）．ただしここでは

$$0 < \lim_{N\to\infty}\frac{m}{N} = \lambda < 1$$

を満たす極限操作を考えている．分布の近似は $\ell = 1$ だけでも実用には十分使えるものである．

カーネル関数とバンド幅をそれぞれ $K_f(\cdot)$, $K_g(\cdot)$ および h_f, f_g とおいて，カーネル型推定量を

$$\widehat{F}_m(x) = \frac{1}{m}\sum_{i=1}^{m} W_f\left(\frac{x-X_i}{h_f}\right) \quad \left(W_f(t) = \int_{-\infty}^{t} K_f(u)du\right),$$

$$\widehat{G}_n(x) = \frac{1}{n}\sum_{j=1}^{n} W_g\left(\frac{x-Y_j}{h_g}\right) \quad \left(W_g(t) = \int_{-\infty}^{t} K_g(u)du\right)$$

と定義すると

$$\widehat{KS}_{2;N} = \sup_{x\in\mathbf{R}}|\widehat{F}_m(x) - \widehat{G}_n(x)|$$

が対応する二標本コルモゴロフ・スミルノフ検定になる．この場合も $0 < \lim_{N\to\infty}\frac{m}{N} = \lambda < 1$ のとき

$$\lim_{N\to\infty} P\left(\sqrt{\frac{mn}{N}}\widehat{KS}_{2;N} \geq x\right) = 2\sum_{\ell=1}^{\infty}(-1)^{\ell-1}\exp(-2\ell^2 x^2)$$

の近似が成り立つ．

3.1.7　超過分布関数の推定

リスクを測る尺度の構成に利用される**超過分布関数**のカーネル型推定について考察する．超過分布関数は X が u まで生き残ったという条件付きでの $X - u$ の分布関数である．これは極値統計学でも扱われるもので，実際に応用するときは外れ値を利用することになり，経験分布関数を使

った通常のノンパラメトリックな推定では不安定な結果が得られることが多い．ここでは滑らかな推測結果を得ることができるカーネル型推定量を利用した超過分布関数推定量の漸近バイアスと漸近分散を求めていく．$X_1, X_2, \ldots, X_n$ を互いに独立で同じ分布 $F(\cdot)$ に従う確率変数とし，その密度関数を $f(\cdot)$ とする．X を X_i と同じ分布に従う確率変数とし，$X > u$ のとき，$X - u \leq x \, (x > 0)$ となる条件付き確率を $H_u(x)$ とする．すなわち

$$H_u(x) = P(X - u \leq x | X > u)$$
$$= \frac{F(x+u) - F(u)}{1 - F(u)}$$

とする．この超過分布関数は，極値統計学に関連しており，リスクを計測するときの尺度の構成に使われる．詳しくは高橋 & 志村 (2016) で解説されている．

この超過分布関数のカーネル型推定量の漸近バイアスと分散は下記で与えられる．

定理 3.1.5 (Shimokihara & Maesono (2018) を参照)

密度関数 $f(\cdot)$ は 3 回微分可能で，カーネル関数 $K(\cdot)$ は対称であり，有界なサポートを持つとする．ここでは一般性を失うことなくサポートは $[-1, 1]$ とする．さらに

$$\int_{-1}^{1} z^j K(z) dz < \infty \quad (j = 1, 2, 3, 4)$$

を満たすとする．$\widehat{F}_n$ をカーネル型推定量

$$\widehat{F}_n(x) = \frac{1}{n} \sum_{i=1}^{n} W\left(\frac{x - X_i}{h}\right) \quad \left(W(x) = \int_{-1}^{x} K(t) dt\right)$$

とする．ただし $-1 \leq x \leq 1$ である．この $\widehat{F}_n$ を用いて超過分布関数のカーネル型推定量 $\widehat{H}_{n,u}$ は

$$\widehat{H}_{n,u}(x) = \frac{\widehat{F}_n(x+u) - \widehat{F}_n(u)}{1 - \widehat{F}_n(u)} \quad (x > 0)$$

で与えられる．このとき，この推定量の漸近バイアス，漸近分散および漸近平均二乗誤差を求めると

$$\begin{aligned}
&E\left[\widehat{H}_{n,u}(x)\right] \\
&= H_u(x) + \left\{\frac{\beta_2(x;u)}{1-F(u)} + \frac{\Delta_u(x)\alpha_2(u)}{(1-F(u))^2}\right\}h^2 \\
&\quad + \left\{\frac{\beta_4(x;u)}{1-F(u)} + \frac{\alpha_2(u)\beta_2(x;u) + \alpha_4(u)\Delta_u(x)}{(1-F(u))^2} + \frac{\alpha_2^2(u)\Delta_u(x)}{(1-F(u))^3}\right\}h^4 \\
&\quad + o\left(n^{-1}\right) + o(h^4), \\
&V\left[\widehat{H}_{n,u}(x)\right] \\
&= \frac{(F(x+u) - F(u))(1 - F(x+u))}{n(1-F(u))^3} + o\left(n^{-1} + h^4\right), \\
&\text{MSE}\left[\widehat{H}_{n,u}(x)\right] \\
&= \frac{(F(x+u) - F(u))(1 - F(x+u))}{n(1-F(u))^3} \\
&\quad + \left\{\frac{\beta_2(x;u)}{1-F(u)} + \frac{\Delta_u(x)\alpha_2(u)}{(1-F(u))^2}\right\}^2 h^4 + o\left(n^{-1} + h^4\right)
\end{aligned}$$

となる．ただし，$j = 1, \ldots, 4$ に対して

$$\alpha_j(u) = \frac{1}{j!} f^{(j-1)}(u) \int_{-1}^{1} y^j K(y) dy,$$
$$\beta_j(x;u) = \alpha_j(x+u) - \alpha_j(u),$$
$$\Delta_u(x) = F(x+u) - F(u)$$

である．

上記の定理を証明するためには，さきに示した補題 2.1.1 と次に述べるモーメントの評価が必要となる．また定理 3.1.1 の条件付き密度関数の漸近二乗誤差を求めたときの Chen *et al.*(2009) と同じ大偏差確率を使った評価を利用すれば証明を完成することができる．

補題 3.1.1

定理 3.1.5 と同じ仮定の下で次が成り立つ.

(1) $m \geq 2$ に対して

$$E\left[\left\{W\left(\frac{u-X_1}{h}\right)\right\}^m\right] = F(u) + \sum_{j=1}^{5} \alpha_{m,j}(u)h^j + O(h^6)$$

となる. ただし

$$\alpha_{\ell,j}(u) = \frac{(-1)^j \ell}{j!} f^{(j-1)}(u) \int_{-1}^{1} y^j W^{\ell-1}(y) K(y) dy$$

である.

(2) $e_W(u) = W\left(\frac{u-X_1}{h}\right) - E\left[W\left(\frac{u-X_1}{h}\right)\right]$ とおくと

$$E\left[\{e_W(u)\}^2\right] = F(u)(1-F(u)) + o(1),$$

$$E\left[\{e_W(u)\}^m\right] = O(1) \ (m=3,4)$$

が成り立つ (Shimokihara & Maesono (2018) を参照).

この補題を利用すると,定理 3.1.5 を証明することができる.

3.2 順位検定の連続化

順位に基づく検定では,統計量の分布が離散分布になるために,有意確率を計算し,その値が小さければ棄却するという方法で行うことが多い.これらの順位検定については漸近相対効率で比較するのが主流である.しかし Lehmann & D'abrera(2006) や Brown *et al.*(2001) でも指摘されているように,データの少しの変動で有意確率が大きく変動することがある.また以下に述べるように分布の刻みが小さい検定統計量に基づく有意確率の方が小さい値をとる傾向がある.まず一標本問題についてこの事実を確認し,問題を解決するためにカーネル法を用いた統計量の連続化について考察する.

3.2.1 一標本順位検定

$X_1, X_2, \ldots, X_n$ を互いに独立で同じ母集団分布 $F(x - \theta)$ に従う無作為標本とする．ここで対応する確率密度関数は $f(-x) = f(x)$ を満たす原点対称な分布とする．θ は未知母数で，帰無仮説 $H_0 : \theta = 0$ に対して対立仮説 $H_1 : \theta > 0$ の**一標本検定問題**を考える．この問題は対応のあるデータについての推測で利用されるモデルである．$Y_1, Y_2, \ldots, Y_n$ と $Z_1, Z_2, \ldots, Z_n$ の無作為標本が得られ，統計モデルとして

$$Y_i = \mu_1 + \xi_i + \varepsilon_i \\ Z_i = \mu_2 + \xi_i + \varepsilon_i' \quad (i = 1, 2, \ldots, n)$$

の構造を仮定する．ここで ξ_i は第 i 番目に共通の要素の影響を表わす母数で，$\varepsilon_i, \varepsilon_i'$ は $E(\varepsilon_i) = E(\varepsilon_i') = 0$ を満たし，互いに独立で同じ分布にしたがうと仮定する．関心があるのは $\{Y_i\}$ に共通の母数 μ_1 と $\{Z_i\}$ に共通の母数 μ_2 の比較，すなわち帰無仮説 $H_0 : \mu_1 = \mu_2$ の検定を構成することである．**局外母数** ξ_i の影響を取り除くためには，$X_i = Y_i - Z_i$ を元に考えればよい．また同じ分布に従う確率変数の差の密度関数は原点対称となる．差は

$$X_i = \mu_1 - \mu_2 + \varepsilon_i - \varepsilon_i'$$

となり，$\theta = \mu_1 - \mu_2$ とおき $F(\cdot)$ を $\varepsilon_i - \varepsilon_i'$ の分布関数とすると，X_i の分布関数は $F(x - \theta)$ となり，密度関数は原点対称となる．

この問題に対して多くの順位検定統計量が提案されている．代表的なものは**符号検定**と**ウィルコクソンの符号付き順位検定**である．これらの検定統計量は離散型の分布を持つために有意水準 α を設定して検定するやり方ではなく，有意確率を評価して，その値が十分に小さいときに帰無仮説 H_0 を棄却する方法がよく利用される．しかしこの有意確率については Lehmann & D'abrera(2006) でも指摘されているように，検定統計量の取り得る値が細かいほど有意確率が小さくなる傾向がある．

3.2 順位検定の連続化

表 3.1 有意確率の大小の比 W_{cox}^+/S

	標本数	$n=10$	$n=20$	$n=30$
$z_{0.90}$	W_{cox}^+/S	3.28	1.367	1.477
$z_{0.95}$	W_{cox}^+/S	1.92	1.449	1.425
$z_{0.975}$	W_{cox}^+/S	4.2	1.674	1.572

Maesono *et al.* (2018) より

$$\text{sign}(x) = \begin{cases} 1 & (x > 0) \\ 0 & (x = 0) \\ -1 & (x < 0) \end{cases}$$

とし，R_i^+ を $\{|X_1|, |X_2|, \ldots, |X_n|\}$ の中での $|X_i|$ の順位とおくとき，符号検定とウィルコクソンの符号付き順位検定は

$$S = S(\boldsymbol{X}) = \sum_{i=1}^n \text{sign}(X_i),$$
$$W_{\text{cox}}^+ = W_{\text{cox}}^+(\boldsymbol{X}) = \sum_{i=1}^n \text{sign}(X_i) R_i^+$$

で与えられる．ここで $\boldsymbol{X} = (X_1, X_2, \ldots, X_n)^\top$ である．観測値 $\boldsymbol{x} = (x_1, x_2, \ldots, x_n)^\top$ に対して $s = S(\boldsymbol{x})$ を計算し，もし有意確率（p-値）$P_0(S \geq s)$ が十分小さいと判断されるときは帰無仮説 H_0 を棄却することになる．同様に $w_{\text{cox}}^+ = W_{\text{cox}}^+(\boldsymbol{x})$ に対して $P_0(W_{\text{cox}}^+ \geq w_{\text{cox}}^+)$ が小さい時 H_0 を棄却する．ただし $P_0(\cdot)$ は帰無仮説の下での確率を表す．表 3.1 は有意確率が小さくなる裾の領域における有意確率の大小の割合を検証したものである．

$$\Omega_{|x|} := \{\boldsymbol{x} \in \mathbf{R}^n \mid |x_1| < |x_2| < \cdots < |x_n|\}$$

とおき，標準正規分布 $N(0,1)$ の $(1-\alpha)$-点 $z_{1-\alpha}$ に対して

$$\Omega_\alpha := \left\{ \boldsymbol{x} \in \Omega_{|x|} \ \middle| \ \frac{s - E_0(S)}{\sqrt{V_0(S)}} \geq z_{1-\alpha}, \right.$$
$$\left. \text{または} \ \frac{w_{\text{cox}}^+ - E_0(W_{\text{cox}}^+)}{\sqrt{V_0(W_{\text{cox}}^+)}} \geq z_{1-\alpha} \right\}$$

の裾の領域を考える．ただし $E_0(\cdot), V_0(\cdot)$ は帰無仮説 H_0 の下での期待値と分散を表わす．ここで統計量の実現値は標本 $\boldsymbol{x} = (x_1, x_2, \cdots, x_n)^\top$ の成分の入れ替えについて不変であるから $|x_1| < |x_2| < \cdots < |x_n|$ の場合だけを考察して，2^n 個の符号の組み合わせ $\text{sign}(x_i) = \pm 1$ ($i = 1, 2, \ldots, n$) について数え上げればよい．表 3.1 では 2^n の組み合わせのうち，Ω_α の領域に入ったときに W_{cox}^+ と S の有意確率を計算して，W_{cox}^+ の有意確率が S の有意確率よりも小さかった回数の比率を W_{cox}^+/S として記入している．表でもわかるように，もし小さい有意確率を得たいのであれば，ウィルコクソンの符号付き順位検定を使った方が有意確率が小さい場合が多く，なるべく大きい有意確率を得たいのであれば符号検定を使った方が良いというように，検定の恣意性が生じてくる．この理由は検定統計量の分布が離散分布であることに起因する．ここではカーネル法を利用した統計量の分布の連続化を提案し，その性質を考察する．

経験分布関数を $F_n(\cdot)$ とすると，定義関数 $I(\cdot)$ に対して

$$F_n(0) = \frac{1}{n} \sum_{i=1}^n I(X_i \leq 0)$$

となり

$$S = n - nF_n(0-)$$

の関係式が成り立ち，符号検定との関係が導かれる．分布関数の値 $F(0)$ のカーネル法に基づく平滑化推定量は，カーネル型密度関数推定量を積分して

3.2 順位検定の連続化

$$\widetilde{F}_n(0) = \frac{1}{n} \sum_{i=1}^{n} W\left(\frac{0 - X_i}{h_n}\right)$$

で与えられる．ただし $W(\cdot)$ はカーネル関数 $K(\cdot)$ の積分

$$W(t) = \int_{-\infty}^{t} K(u) du$$

で，バンド幅 h は $h \to 0$, $nh \to \infty$ $(n \to \infty)$ を満足する．したがって S の連続化として

$$\widetilde{S} = n - n\widetilde{F}_n(0) = n - \sum_{i=1}^{n} W\left(-\frac{X_i}{h}\right)$$

が考えられる．帰無仮説の H_0 の下で，$\widetilde{S}$ の漸近平均と漸近分散は母集団分布 $F(\cdot)$ に依存しないことが示される．

同様にウィルコクソンの符号付き順位検定統計量の連続化を求めることができる．簡単のためにウィルコクソンの符号付き順位検定統計量と同値な**マン・ホィットニー検定統計量**

$$MW = \sum_{1 \leq i \leq j \leq n} \psi(X_i + X_j)$$

を考察する．ただし

$$\psi(x) = \begin{cases} 1 & (x \geq 0) \\ 0 & (x < 0) \end{cases} \tag{3.9}$$

である．統計量 $2MW/n(n+1)$ は $P\left(\frac{X_1+X_2}{2} > 0\right)$ の推定量と見なすことができるので，連続化として

$$\widetilde{W}_{\text{cox}}^+ = \frac{n(n+1)}{2} - \sum_{1 \leq i \leq j \leq n} W\left(-\frac{X_i + X_j}{2h}\right)$$

を Maesono et al.(2018) は提案している．この統計量の分布は帰無仮説 H_0 の下でも母集団分布に依存することになるが，$\widetilde{S}$ と同様に漸近平均と漸近分散は $F(\cdot)$ に依存しない．この $\widetilde{S}$, $\widetilde{W}_{\text{cox}}^+$ は次の定理で示されるよう

に S, W_{cox}^+ と 1 次のオーダーの意味で同値になる.

定理 3.2.1 (Maesono et al.(2018) を参照)

$f'(\cdot)$ が存在し $-\theta$ の周りで連続であると仮定する.バンド幅を $h = cn^{-d}$ $(c > 0, \frac{1}{4} < d < \frac{1}{2})$ とする.ここで

$$0 < \lim_{n \to \infty} V_\theta \left[1 - W\left(-\frac{X_1}{h}\right) \right] < \infty,$$

$$0 < \lim_{n \to \infty} \text{Cov}_\theta \left[1 - W\left(-\frac{X_1 + X_2}{2h}\right), 1 - W\left(-\frac{X_1 + X_3}{2h}\right) \right] < \infty$$

を満たし,$K(\cdot)$ は原点に対して対称なカーネルとする.このとき次が成り立つ.

(1) 標準化した符号検定統計量と標準化した平滑化符号検定は

$$\lim_{n \to \infty} E_\theta \left\{ \frac{S - E_\theta(S)}{\sqrt{V_\theta(S)}} - \frac{\widetilde{S} - E_\theta(\widetilde{S})}{\sqrt{V_\theta(\widetilde{S})}} \right\}^2 = 0$$

を満たし,漸近的に同値である.

(2) 標準化 W_{cox}^+ と $\widetilde{W}_{\text{cox}}^+$ に対して

$$\lim_{n \to \infty} E_\theta \left\{ \frac{W_{\text{cox}}^+ - E_\theta(W_{\text{cox}}^+)}{\sqrt{V_\theta(W_{\text{cox}}^+)}} - \frac{\widetilde{W}_{\text{cox}}^+ - E_\theta(\widetilde{W}_{\text{cox}}^+)}{\sqrt{V_\theta(\widetilde{W}_{\text{cox}}^+)}} \right\}^2 = 0$$

が成り立ち,漸近的に同値である.

このことから $\widetilde{S}$ と $\widetilde{W}_{\text{cox}}^+$ の漸近正規性が成り立ち,漸近相対効率も一致することが示せる.$\widetilde{S}$ と $\widetilde{W}_{\text{cox}}^+$ の分布は連続型の分布になっており,有意確率の偏りの問題はかなり改善される.これを検証するために S と W の有意確率の比較と同じように,統計量の分布の裾の部分

3.2 順位検定の連続化　　　　　　　　　　　　　　　75

表 3.2 有意確率の大小の比 $\widetilde{W}_{\text{cox}}^+/\widetilde{S}$

標本数		$n=10$	$n=20$	$n=30$
$z_{0.90}$	$\widetilde{W}_{\text{cox}}^+/\widetilde{S}$	1.284	1.182	1.148
$z_{0.95}$	$\widetilde{W}_{\text{cox}}^+/\widetilde{S}$	1.166	1.199	1.111
$z_{0.975}$	$\widetilde{W}_{\text{cox}}^+/\widetilde{S}$	1.437	1.240	1.113

Maesono *et al.* (2018) より

$$\widetilde{\Omega}_\alpha = \left\{ \boldsymbol{x} \in \mathbf{R}^n \;\middle|\; \frac{\widetilde{s}(\boldsymbol{x}) - E_0(\widetilde{S})}{\sqrt{V_0(\widetilde{S})}} \geq z_{1-\alpha}, \right.$$
$$\left. \text{または} \quad \frac{\widetilde{w}_{\text{cox}}^+(\boldsymbol{x}) - E_0(\widetilde{W}_{\text{cox}}^+)}{\sqrt{V_0(\widetilde{W}_{\text{cox}}^+)}} \geq z_{1-\alpha} \right\}$$

での有意確率の比較を行なったのが表 3.2 である．ただし $E_0(\cdot), V_0(\cdot)$ は帰無仮説 H_0 の下での期待値と分散を表わす．$\widetilde{S}$ と $\widetilde{W}_{\text{cox}}^+$ の分布は帰無仮説の下でも元の母集団分布に依存するので，ここでは標準化した統計量の正規分布での近似を利用してシミュレーションにより有意確率の比較を行なった．表の数値は有意確率が小さくなった回数の比を表わしている．シミュレーションの繰り返し数は 100,000 回である．表 3.1 と比較すると，連続化したことにより，有意確率が一方的に小さい傾向を持つという問題点はかなり解消されていることがわかる．この連続化した統計量を対象にするのであれば，局所対立仮説の下での検出力の比較は意味があるものになる．

3.2.2 二標本順位検定

ここでは二標本問題に対しての順位検定の連続化を議論する．$X_1, X_2, \ldots, X_m$ を独立で同一分布 $F(x)$ に従う確率変数で，$Y_1, Y_2, \ldots, Y_n$ を独立で同一分布 $F(x-\theta)$ に従う確率変数とする．このモデルの下で未知の位置母数 θ に対する仮説検定を**二標本検定問題**と呼ぶ．このとき帰無仮説 $H_0 : \theta = 0$ vs. 対立仮説 $H_1 : \theta > 0$ に対して多くのノンパラメトリック検定が提案され，線形順位検定量のクラスとして，その性質が詳しく

調べられている（Hájek *et al.*(1999) を参照）．特に**メディアン検定**と**ウィルコクソンの順位和検定**がよく利用される．メディアン検定は 2 つの標本を合わせた $N=m+n$ のデータ $Z_1=X_1,\ldots,Z_m=X_m,Z_{m+1}=Y_1,\ldots,Z_N=Y_n$ のメディアン $\widetilde{Z}$ を求めて

$$M = M(\boldsymbol{X},\boldsymbol{Y}) = \sum_{j=1}^{n} \psi(Y_j - \widetilde{Z})$$

を使って検定する方法である．ただし $\psi(\cdot)$ は式 (3.9) で定義したものである．またウィルコクソンの順位和検定は

$$W_{\text{cox}} = W_{\text{cox}}(\boldsymbol{X},\boldsymbol{Y}) = \sum_{i=1}^{m}\sum_{j=1}^{n} \psi(Y_j - X_i) + \frac{1}{2}n(n+1)$$

で与えられる．この M, W_{cox} による検定は，検定統計量の分布が離散型になるので，観測値 $m(\boldsymbol{x},\boldsymbol{y}), w_{\text{cox}}(\boldsymbol{x},\boldsymbol{y})$ に対して有意確率

$$P_0\{M \geq m(\boldsymbol{x},\boldsymbol{y})\}, \quad P_0\{W_{\text{cox}} \geq w_{\text{cox}}(\boldsymbol{x},\boldsymbol{y})\}$$

を計算して検定を行うことになる．ここで $P_0(\cdot)$ は帰無仮説 H_0 の下での確率を表している．

有意確率の変化が滑らかではないために，これらの検定は 3.2.1 項の一標本順位検定と同じ問題を抱えている．表 3.3 は下記の領域に含まれるデータ $(\boldsymbol{x},\boldsymbol{y})$

$$\Omega_\alpha := \left\{ \begin{pmatrix} \boldsymbol{x} \\ \boldsymbol{y} \end{pmatrix} \in \mathbf{R}^{m+n} \,\middle|\, \frac{m(\boldsymbol{x},\boldsymbol{y}) - E_0[M]}{\sqrt{V_0[M]}} > z_{1-\alpha}, \right.$$
$$\left. \text{または}\quad \frac{w_{\text{cox}}(\boldsymbol{x},\boldsymbol{y}) - E_0[W_{\text{cox}}]}{\sqrt{V_0[W_{\text{cox}}]}} > z_{1-\alpha} \right\}$$

に対して有意確率を求めて，W_{cox} の有意確率が M の有意確率より小さくなった比率を求めたものである．ただし $E_0(\cdot), V_0(\cdot)$ は帰無仮説 H_0 の下での期待値と分散を表わしており，$z_{1-\alpha}$ は $N(0,1)$ の $1-\alpha$ 点である．すなわち次の比の値

3.2 順位検定の連続化

表 3.3 有意確率の大小の比 W_{cox}/M

標本数 (m,n)	(10,10)	(20,20)	(30,30)	(10,20)	(20,10)
$z_{0.9}$	2.21	2.79	1.68	7.13	7.07
$z_{0.95}$	6.37	5.66	2.17	3.44	3.41
$z_{0.975}$	3.05	2.80	3.72	16.6	14.7
$z_{0.99}$	33.7	7.54	1.56	6.05	5.29

Moriyama & Maesono (2018) より

$$P_0\left[P_0[M \geq M(\boldsymbol{X},\boldsymbol{Y})] > P_0[W_{\text{cox}} \geq W_{\text{cox}}(\boldsymbol{X},\boldsymbol{Y})] \,\middle|\, \begin{pmatrix}\boldsymbol{X}\\\boldsymbol{Y}\end{pmatrix} \in \Omega_\alpha\right]$$
$$\div P_0\left[P_0[M \geq M(\boldsymbol{X},\boldsymbol{Y})] < P_0[W_{\text{cox}} \geq W_{\text{cox}}(\boldsymbol{X},\boldsymbol{Y})] \,\middle|\, \begin{pmatrix}\boldsymbol{X}\\\boldsymbol{Y}\end{pmatrix} \in \Omega_\alpha\right]$$

を表としてまとめている．表 3.3 からわかるように，統計量 W_{cox} に基づく検定の方が有意確率（p-値）が小さい場合が多い．したがって検定を行う人が小さい有意確率を得たいのであれば，W_{cox} を使い，大きい有意確率を得たいのであれば M を使うという恣意的な使用を許すことになる．

まず M の連続化を考察する．ここで

$$M^\dagger = \sum_{i=1}^m \psi(\widetilde{Z} - X_i)$$

とおくと

$$M = \frac{n-m+1}{2} - M^\dagger$$

が成り立つので，M と $M^\dagger$ は同値な検定となる．カーネル関数 $K^*(t)$ を

$$\int_0^\infty K^*(t)dt = 1, \quad K^*(t) = 0 \ (t \leq 0)$$

の条件を満たすとする．このとき M の連続化

$$\widehat{M} = \sum_{i=1}^{m} W^* \left(\frac{\widetilde{Z} - X_i}{h} \right)$$

を考える．ただし $W^*(u) = \int_0^u K^*(t) dt$ である．この $\widehat{M}$ と M は同値な検定であり次の定理が成り立つ．ここで $N = m + n \to \infty$ の極限は $0 < \lim_{n \to \infty} \frac{m}{n} < 1$ を満たすようにとっている．

定理 3.2.2

密度関数に対して $f'(\cdot)$ が存在して連続で $h = o(N^{-1/4})$ を満たし $E_\theta[\{f(\widetilde{Z})/F(\widetilde{Z})\}^2]$ と $E_\theta[f^{(1)}(\widetilde{Z})/F(\widetilde{Z})]$ が有界とする．$N \to \infty$ のとき

$$E_\theta \left[\left(\frac{\widehat{M} - E_\theta[\widehat{M}]}{\sqrt{V_\theta[\widehat{M}]}} - \frac{M - E_\theta[M]}{\sqrt{V_\theta[M]}} \right)^2 \right] \to 0$$

が成り立つ．

$\widehat{M}$ の帰無仮説 H_0 の下での漸近的な期待値と分散の主要項は，母集団分布に依存しないことが示せる．またピットマンの漸近相対効率も一致する．さらに正規近似の精密化を求めることができて，その有効性も証明されている．詳しくは Moriyama & Maesono (2018) を参照されたい．

同様にしてウィルコクソンの順位和検定の連続化を考察する．ウィルコクソンの順位和検定と同値な

$$W_{\mathrm{cox}} = \sum_{i=1}^{m} \sum_{j=1}^{n} \psi(Y_j - X_i)$$

を考える．この統計量のカーネル関数 $K(\cdot)$ を用いた連続化は

$$\widehat{W}_{\mathrm{cox}} = \sum_{i=1}^{m} \sum_{j=1}^{n} W \left(\frac{Y_j - X_i}{h} \right)$$

で与えられる．ただし $W(u) = \int_{-\infty}^{u} K(t) dt$ である．これらの W_{cox}, $\widehat{W}_{\mathrm{cox}}$ も漸近的に同値であることが示せる．

定理 3.2.3

密度関数に対して $f'(\cdot)$ が存在して連続で $h = o(N^{-1/4})$ を満たし $E_\theta[\{f(\widetilde{Z})/F(\widetilde{Z})\}^2]$ と $E_\theta[f^{(1)}(\widetilde{Z})/F(\widetilde{Z})]$ が有界とする. $N \to \infty$ のとき

$$E_\theta\left[\left(\frac{\widehat{W}_{\text{cox}} - E_\theta(\widehat{W}_{\text{cox}})}{\sqrt{V_\theta(\widehat{W}_{\text{cox}})}} - \frac{W_{\text{cox}} - E_\theta(W_{\text{cox}})}{\sqrt{V_\theta(W_{\text{cox}})}}\right)^2\right] \to 0$$

が成り立つ.

$\widehat{W}_{\text{cox}}$ の帰無仮説 H_0 の下での漸近的な期待値と分散の主要項は, 母集団分布に依存しないことが示せるし, ピットマンの漸近相対効率も一致する. また正規近似の精密化を求めることができて, その有効性も証明されている (Moriyama & Maesono (2018) を参照). 他の順位に基づく検定統計量についての連続化も, 順位は

$$R_j = \sum_{i=1}^{N} \psi(Z_i - Y_j)$$

であるから, カーネル関数を使った連続化

$$\widetilde{R}_j = \sum_{i=1}^{N} K\left(\frac{Z_i - X_j}{h}\right)$$

を利用することによって構成することができる.

これらの連続化したメディアン検定とウィルコクソンの順位和検定の有意確率の大きさを一標本と同じようにしてシミュレーションで比較したものが次の表3.4である. $\widehat{W}_{\text{cox}}$ のカーネル関数はイパネクニコフ・カーネルを使っている. $\widehat{M}$ のカーネル関数は複雑であるが, 局所検出力が M と同じになるようにした

$$K^*(t) = \left[e^{-t} + \left(\frac{613 - 2\sqrt{207586}}{58} \right) \times (2e^{-2t}) \right.$$
$$+ \left(\frac{3\sqrt{207586} - 1137}{58} \right) \times (3e^{-3t})$$
$$\left. + \left(\frac{524 - \sqrt{207586}}{58} \right) \times (4e^{-4t}) \right]$$

を使っている．ただし $t \geq 0$ である．このカーネル関数の妥当性は Moriyama & Maesono (2018) で論じている．これらを利用した連続化順位検定量の有意確率を裾の領域

$$\widetilde{\Omega}_\alpha := \left\{ \begin{pmatrix} \boldsymbol{x} \\ \boldsymbol{y} \end{pmatrix} \in \mathbf{R}^{m+n} \,\middle|\, \frac{\widehat{m}(\boldsymbol{x}, \boldsymbol{y}) - \mu_1}{\sqrt{v_1}} > z_{1-\alpha}, \right.$$
$$\left. \text{または } \frac{\widehat{w}_{\text{cox}}(\boldsymbol{x}, \boldsymbol{y}) - \mu_2}{\sqrt{v_2}} > z_{1-\alpha} \right\}$$

で比較した．有意確率の計算は正規分布での近似を利用している．μ_1, μ_2, v_1, v_2 は

$$\mu_1 = \frac{m}{2}\left(1 - \frac{1}{m+n}\right), \quad \mu_2 = \frac{mn}{2}$$
$$v_1 = \frac{mn}{4(m+n)}, \quad v_2 = \frac{mn(m+n)}{12}$$

である．シミュレーションの繰り返し数は $100,000$ 回で，裾の領域に入る有意確率を計算し，その大小を比較して表にしている．すなわち

$$P_0\left[\Phi(v_1^{-1/2}(\widehat{M}(\boldsymbol{X}, \boldsymbol{Y}) - \mu_1)) < \Phi(v_2^{-1/2}(\widehat{W}_{\text{cox}}(\boldsymbol{X}, \boldsymbol{Y}) - \mu_2)) \,\middle|\, \begin{pmatrix} \boldsymbol{X} \\ \boldsymbol{Y} \end{pmatrix} \in \widetilde{\Omega}_\alpha \right]$$
$$\div P_0\left[\Phi(v_1^{-1/2}(\widehat{M}(\boldsymbol{X}, \boldsymbol{Y}) - \mu_1)) > \Phi(v_2^{-1/2}(\widehat{W}_{\text{cox}}(\boldsymbol{X}, \boldsymbol{Y}) - \mu_2)) \,\middle|\, \begin{pmatrix} \boldsymbol{X} \\ \boldsymbol{Y} \end{pmatrix} \in \widetilde{\Omega}_\alpha \right]$$

という $\widehat{W}_{\text{cox}}$ の有意確率の方が $\widehat{M}$ の有意確率よりも小さかった比率の値を推定したものになっている．表 3.3 と表 3.4 を比較すると，連続化した方が恣意性の問題がかなり改善されていることがわかる．

表 3.4　有意確率の大小の比 $\widehat{W}_{\mathrm{cox}}/\widehat{M}$

標本数 (m,n)	(10,10)	(20,20)	(30,30)	(10,20)	(20,10)
$z_{0.9}$	1.41	1.08	1.31	1.05	1.22
$z_{0.95}$	0.829	1.21	1.39	1.41	1.24
$z_{0.975}$	1.64	1.12	1.09	1.23	1.39
$z_{0.99}$	0.985	1.03	1.32	0.707	0.806

Moriyama & Maesono (2018) より

3.3　密度比の推定

3.3.1　自然な密度比の推定

統計的推測において，ハザード関数のように比の統計量には重要なものが多くある．ここではその中の密度比について議論する．密度比はいわゆる尤度比と考えることができ，その応用は幅広いものがある．例えば二標本の等分散の検定，変化点の検出，判別分析などがある．互いに独立な分布の密度 $f(x), g(x)$ の比 $f(x)/g(x)$ の最も自然なカーネル型推定量は $\widehat{f}_m(x)/\widehat{g}_n(x)$ で定義される．ここで $\widehat{f}_m(x), \widehat{g}_n(x)$ は通常のカーネル型密度関数推定量である．この推定はノンパラメトリックな方法であり，カーネル関数のサポートを $(-\infty, \infty)$ にとると，分母に対して $\widehat{g}_n(x) \neq 0$ が保証できる．この推定量の漸近平均二乗誤差 (AMSE) は Chen et al.(2009) によって調べられている．$X_1, X_2, \ldots, X_m$ と $Y_1, Y_2, \ldots, Y_n$ を互いに独立な無作為標本とする．X_i は共通の分布 $F(\cdot)$，Y_j は $G(\cdot)$ に従い，その密度関数を $f(\cdot), g(\cdot)$ とし $g(x) \neq 0$ を仮定する．このときカーネル型推定量

$$\widehat{f}_m(x) = \frac{1}{mh_{f,m}} \sum_{i=1}^{m} K_f\left(\frac{x - X_i}{h_{f,m}}\right), \quad \widehat{g}_n(x) = \frac{1}{nh_{g,n}} \sum_{j=1}^{n} K_g\left(\frac{x - Y_j}{h_{g,n}}\right)$$

を使った密度関数の比 $f(x)/g(x)$ の自然な推定量は $\widehat{f}_m(x)/\widehat{g}_n(x)$ となる．簡単のために

$$m = n, \quad h_{f,m} = h_{g,n} = h, \quad K_f \equiv K_g \equiv K$$

の場合を考察する．一般の場合への拡張は容易である．カーネル型密度推定量に対する補題 1.2.2 のモーメント評価を使うと，$\widehat{f}_n(x)/\widehat{g}_n(x)$ の漸近バイアスと漸近分散を求めることができる．ここでは $g(x) > 0$ を仮定しているので，n が十分大きいときに自然なカーネル型推定量は $\widehat{g}_n(x) > 0$ であるから期待値や分散を考えることができる．下記では n が十分大きいときを想定している．

定理 3.3.1

$f^{(i)}(\cdot), g^{(i)}(\cdot)$ $(i = 1, 2, 3)$ が存在し，$g^{(3)}(\cdot), f^{(3)}(\cdot)$ は有界であると仮定する．さらに $K(\cdot)$ は対称カーネルで，$x \in \{y | K(y) \neq 0\}$ に対して $m, M > 0$ の定数が存在して $m < K(x) < M$ とする．点 x において $nh^2 \to \infty$ のときバイアスは

$$E\left[\frac{\widehat{f}_n(x)}{\widehat{g}_n(x)}\right] = \frac{f(x)}{g(x)} + h^2 \left\{\frac{f^{(2)}(x)}{2g(x)} - \frac{f(x)g^{(2)}(x)}{2g^2(x)}\right\}\sigma_K^2 + O(h^4) + O\left(\frac{1}{nh}\right)$$

で与えられ，分散は

$$V\left[\frac{\widehat{f}_n(x)}{\widehat{g}_n(x)}\right] = \frac{1}{nh}\left\{\frac{f(x)}{g^2(x)} + \frac{f^2(x)}{g^3(x)}\right\}R(K) + o\left(\frac{1}{nh}\right) + O(h^5)$$

となる．したがって漸近平均二乗誤差は

$$\mathrm{AMSE}\left[\frac{\widehat{f}_n(x)}{\widehat{g}_n(x)}\right]$$
$$= \frac{1}{nh}\left\{\frac{f(x)}{g^2(x)} + \frac{f^2(x)}{g^3(x)}\right\}R(K) + h^4\left\{\frac{f^{(2)}(x)}{2g(x)} - \frac{f(x)g^{(2)}(x)}{2g^2(x)}\right\}^2 \sigma_K^4$$

で与えられる．

3.3.2 直接型推定量

密度比 $f(x)/g(x)$ の他の推定量として，直接型推定量が Ćwik & Mielniczuk(1989) によって提案されている．この推定量はバイアスは少し大きくなるが，分散を改良する性質をもつ．$m = n$ の場合を考えて $F_n(\cdot)$,

$G_n(\cdot)$ を経験分布関数すなわち

$$F_n(x) = \frac{1}{n}\sum_{i=1}^{n} I(X_i \le x), \quad G_n(x) = \frac{1}{n}\sum_{i=1}^{n} I(Y_i \le x)$$

とおくとき，直接型推定量は

$$\widetilde{\frac{f(x)}{g(x)}} = \frac{1}{h}\int_{-\infty}^{\infty} K\left(\frac{G_n(x) - G_n(y)}{h}\right) dF_n(y)$$

で与えられる．ここで

$$r(u) = \frac{f(G^{-1}(u))}{g(G^{-1}(u))}$$

おくと $m = n$ のときのバイアスと分散は Chen et al.(2009) によって下記のように求められている．

定理 3.3.2

$f^{(i)}(\cdot)$, $g^{(i)}(\cdot)$ $(i = 1,2,3,4)$ が存在し，$g^{(4)}(\cdot)$, $f^{(4)}(\cdot)$ は有界であると仮定する．さらに $K(\cdot)$ のサポートは $[-d, d]$ $(d > 0)$ で $K^{(2)}(\cdot)$ は有界とする．$nh^2 \to \infty$, $O(nh^3) = O([\log n]^2)$ が成り立ち，$r^{(i)}(\cdot)$ $(i = 1,2,3,4)$ が存在し，$r^{(4)}(\cdot)$ は有界とする．このときバイアスは

$$E\left[\widetilde{\frac{f(x)}{g(x)}}\right] = \frac{f(x)}{g(x)} + h^2 \frac{r^{(2)}(G(x))\sigma_K^2}{2} + O\left(h^4 + \sqrt{\frac{\log n}{n}} + \frac{\log n}{n^2 h}\right)$$

で与えられ，分散は

$$V\left[\widetilde{\frac{f(x)}{g(x)}}\right] = \frac{1}{nh}\left\{\frac{f(x)}{g(x)} + \frac{f(x)^2}{g(x)^2}\right\} R(K) + O\left(\sqrt{\frac{\log n}{n^2 h}}\right)$$

となる．したがって漸近平均二乗誤差は

$$\mathrm{AMSE}\left[\widetilde{\frac{f(x)}{g(x)}}\right] = \frac{1}{nh}\left\{\frac{f(x)}{g(x)} + \frac{f(x)^2}{g(x)^2}\right\}R(K) + h^4\frac{[r^{(2)}(G(x))]^2\sigma_K^4}{4}$$

で与えられる．

ここで $r^{(2)}(G(x))$ は

$$r^{(2)}(G(x)) = \frac{g(x)f^{(2)}(x) - f(x)g^{(2)}(x)}{g(x)^4} - \frac{3g'(x)[g(x)f'(x) - f(x)g'(x)]}{g(x)^5}$$

となり，$f \equiv g$ のときはゼロである．定理 3.3.1 と定理 3.3.2 を比較すると，$|g(x)| < 1$ の場合，分散は直接型推定量の方が小さくなっている．

しかし，この直接型推定量は経験分布関数 $F_n(\cdot)$ で積分するので，滑らかさがなくなっている．これを克服するためにスムーズな分布関数のカーネル型推定量 $\widehat{G}(x)$ を使った

$$\widetilde{\frac{f(x)}{g(x)}}^* = \frac{1}{nh}\sum_{i=1}^n K\left(\frac{\widehat{G}(x) - \widehat{G}(X_i)}{h}\right)$$

が Motoyama & Maesono (2018) で提案されている．ただし

$$\widehat{G}(x) = \frac{1}{n}\sum_{i=1}^n W\left(\frac{x - Y_i}{h}\right), \quad W(t) = \int_{-\infty}^t K(u)du$$

である．Motoyama & Maesono (2018) はこの推定量の漸近平均二乗誤差を下記のように求めている．

定理 3.3.3

定理 3.3.2 の条件の下で漸近平均二乗誤差は

3.3 密度比の推定

$$\mathrm{AMSE}\left[\widetilde{\frac{f(x)}{g(x)}}^{*}\right] = \frac{1}{nh}\left\{\frac{f(x)}{g(x)} + \frac{f(x)^2}{g(x)^3}\right\}R(K) \\ + \left\{\frac{r^{(2)}(G(x))}{2} - \frac{f(x)g^{(2)}(x)}{2g(x)^2}\right\}^2 \sigma_K^4$$

となる.

漸近平均二乗誤差の具体的な値は直接型推定量と自然な推定量の中間の値をとる場合が多いことが示されている（Motoyama & Maesono (2018) を参照）.

第4章

境界バイアス

これまでの議論では推定の対象である密度関数のサポートは実数全体を想定していた．しかし実際のデータでは非負の値しかない場合や，有界のサポートしか考えられない状況も多くある．このように密度関数のサポートが実数全体でないときには，カーネル型推定量はサポートの境界でバイアスが生じる．これは**境界バイアス問題**と呼ばれ，この解消のために様々な工夫がなされている．本章では著者の関連した解消法について解説し，その有用性を議論していく．

4.1 非対称カーネルによる境界バイアスの改善

今までの議論では密度関数のサポートは実数全体 $\mathbf{R}$ であった．しかしサポートが半直線 $[0, \infty)$ や有界のときには境界で真の密度関数の値に収束しないという境界バイアスの問題が指摘されている．サポートが $[0, \infty)$ のときは，境界 0 の近傍でバイアスが残ってしまい，一致性が成り立たない．たとえば $K(\cdot)$ を対称カーネルとし，サポートを $[-1, 1]$ とする．このとき $x \leq h$, $c = xh^{-1}$ に対して

$$\mathrm{Bias}[\widehat{f_n}(x)] = \left\{\int_{-1}^{c} K(u)du - 1\right\} f(x) - hf'(x)\int_{-1}^{c} uK(u)du + O(h^2)$$

となる．したがって $f(0) \neq 0$ であれば

4.1 非対称カーネルによる境界バイアスの改善

$$\lim_{n\to\infty} \text{Bias}[\widehat{f}_n(0)] = \left\{\int_{-1}^{c} K(u)du - 1\right\} f(0) \neq 0$$

となり，一致性が成り立たない．

このようにサポートが実数全体ではないときには境界付近でバイアスを持つことが知られている．この問題を解決するために様々な手法がある．ここではまず密度関数のサポートが $[0, \infty)$ のときの**境界バイアス**の改善法について考察する．

Chen (2000) は通常の対称カーネルの代わりに非対称なガンマ分布の密度関数を使って，境界バイアスを改善する方法を提案した．Chen (2000) はガンマ分布 $\Gamma(xh^{-1}+1, h)$ の密度関数

$$g(y) = \frac{y^{x/h} e^{-y/h}}{\Gamma(x/h+1) h^{\frac{x}{h}+1}} I(y \geq 0)$$

を使って，境界バイアスを改善する密度関数推定量

$$\widehat{f}_C(x) = \frac{1}{n} \sum_{i=1}^{n} \frac{X_i^{\frac{x}{h}} e^{-\frac{X_i}{h}}}{\Gamma\left(\frac{x}{h}+1\right) h^{\frac{x}{h}+1}}$$

を提案している．ここでガンマ関数は

$$\Gamma(a) = \int_0^{\infty} t^{a-1} e^{-t} dt$$

である．Y をガンマ分布 $\Gamma(xh^{-1}+1, h)$ に従う確率変数とすると

$$E[\widehat{f}_C(x)] = \int_0^{\infty} g(y) f(y) dy = E[f(Y)]$$

なので，テイラー展開を利用すると

$$E[f(Y)] = f(x) + h\left[f'(x) + \frac{1}{2} x f^{(2)}(x)\right] + o(h)$$

となる．したがって $n \to \infty$ のとき $f(x)$ に収束する．また分散は下記で与えられる．

$$V[\widehat{f_C}(x)] = \begin{cases} \dfrac{f(x)}{2\sqrt{\pi x}n\sqrt{h}}, & \dfrac{x}{h} \to \infty, \\ \dfrac{\Gamma(2\kappa+1)f(x)}{2^{2\kappa+1}\Gamma^2(\kappa+1)nh}, & \dfrac{x}{h} \to \kappa. \end{cases}$$

ただし $\kappa(>0)$ は定数である．同様の発想から Chen(2000) はガンマ・カーネル

$$K_{\rho_h,h}(y) = \frac{y^{\rho_h(x)-1}e^{-y/h}}{h^{\rho_h(x)}\Gamma(\rho_h(x))}I(y \geq 0)$$

も提案している．ただし

$$\rho_h(x) = \begin{cases} \dfrac{x}{h}, & x \geq 2h \\ \dfrac{1}{4}\left(\dfrac{x}{h}\right)^2, & 0 \leq x < 2h \end{cases}$$

である．このガンマ・カーネルを使った密度関数推定量のバイアスと分散も求めている．

　Fauzi & Maesono (2020) は非対称カーネル関数を利用して境界バイアスを改良する方法を提案し，そのバイアスと分散を求めている．アイデアは Chen(2000) のガンマ・カーネルの改良を行うものである．カーネル関数としてガンマ分布 $\Gamma(h^{-1/2}, x\sqrt{h}+h)$ の密度関数を利用するものを考える．すなわち

$$K(y;x,h) = \frac{y^{\frac{1}{\sqrt{h}}-1}e^{-\frac{y}{x\sqrt{h}+h}}}{\Gamma\left(\frac{1}{\sqrt{h}}\right)(x\sqrt{h}+h)^{\frac{1}{\sqrt{h}}}}$$

とおくとき，新しい密度関数推定量として

$$A_h(x) = \frac{1}{n}\sum_{i=1}^{n} K(X_i;x,h)$$

を提案している．このときバイアスと分散について次の定理が成り立つ．

定理 4.1.1 （Fauzi & Maesono (2020) を参照）

バンド幅 h に対して，$n \to \infty$ のとき $h \to 0$ で $nh \to \infty$ とする．また密度関数 $f_X(\cdot)$ は 3 回連続微分可能で，$f_X^{(4)}(\cdot)$ が存在すると仮定する．このとき，ある $c > 0$ に対して

$$\text{Bias}[A_h(x)] = \left[f_X'(x) + \frac{1}{2} x^2 f_X^{(2)}(x) \right] \sqrt{h} + o(\sqrt{h}),$$

$$V[A_h(x)] = \begin{cases} \dfrac{J^2\left(\frac{1}{\sqrt{h}}-1\right) f_X(x)}{2(x+\sqrt{h})\sqrt{\pi(1-\sqrt{h})} J\left(\frac{2}{\sqrt{h}}-2\right) nh^{1/4}} + O\left(\frac{h^{1/4}}{n}\right), & \dfrac{x}{h} \to \infty \\ \dfrac{J^2\left(\frac{1}{\sqrt{h}}-1\right) f_X(x)}{2(c\sqrt{h}+1)\sqrt{\pi(1-\sqrt{h})} J\left(\frac{2}{\sqrt{h}}-2\right) nh^{3/4}} + O\left(\frac{1}{nh^{1/4}}\right), & \dfrac{x}{h} \to c \end{cases}$$

が成り立つ．ただし

$$J(z) = \frac{\sqrt{2\pi} z^{z+1/2}}{e^z \Gamma(z+1)}$$

である．

［注意］関数 $J(z)$ は単調増加関数で $\lim_{z \to \infty} J(z) = 1$ および $J(z) < 1$ が成り立つ（Brown & Chen (1999) を参照）．したがって $\frac{J^2\left(\frac{1}{\sqrt{h}}-1\right)}{J\left(\frac{2}{\sqrt{h}}-2\right)} \leq 1$ となる．これより $V[A_h(x)]$ は x が内点のとき $O(n^{-1}h^{-1/4})$ で x が境界に近いときは $O(n^{-1}h^{-3/4})$ であることがわかる．この収束率は Chen (2000) より良くなっている．さらに $V[A_h(x)]$ は Chen (2000) では $x^{-1/2}$ に依存するが，上記の推定量は $(x + \sqrt{h})^{-1}$ に依存している．したがって x が 0 に近づくときに無限に発散する速さが遅くなり，新しい推定量の方が優れていることになる．

上記の推定量のバイアスは Chen (2000) に劣ることになるが，Terrell & Scott (1980) のバイアス修正を行えば Chen (2000) よりも良い推定量であることが Fauzi & Maesono (2020) で示されている．関連する**非対称カーネル**を利用した境界バイアスの改善については様々な議論がなされており，Hirukawa (2018) や柿沢 (2024) でレヴューされている．

4.2 データの変換による改善

4.2.1 密度関数の推定

境界バイアスの改善のために，データを変換して通常の対称カーネルを用いる方法も議論されている（例えば Wand *et al.* (1991) を参照）．$X_1, X_2, \ldots, X_n$ をサポートが Ω の密度関数 $f_X(\cdot)$ を持つ無作為標本とする．サポート Ω が実数全体 $\mathbf{R}$ ではないとき，境界バイアスが生じるので，これを改善するために単調増加な変換 $g(x) : \mathbf{R} \to \Omega$ を導入する．確率変数 X を変換した $\widetilde{Y} = \widetilde{g}^{-1}(X)$ を考えて，さらに

$$g^{-1}(x) = \frac{\sigma_X}{\sigma_{\widetilde{Y}}} \widetilde{g}^{-1}(x)$$

の変換に対する $Y = g^{-1}(X)$ を利用する．ここで σ_X^2, $\sigma_{\widetilde{Y}}^2$ はそれぞれ X と $\widetilde{Y}$ の分散を表わす．この変換を使うと

$$P(Y \leq y) = P(X \leq g(y)) = \int_{-\infty}^{g(y)} f_X(u) du$$

となる．したがって Y の密度関数は

$$f_Y(y) = f_X(g(y)) g'(y)$$

である．$Y_i = g^{-1}(X_i)$ $(i = 1, \ldots, n)$ に基づく $f_Y(y)$ のカーネル型推定量は h をバンド幅とすると

$$\widehat{f}_Y(y) = \frac{1}{nh} \sum_{i=1}^{n} K\left(\frac{y - Y_i}{h}\right)$$

で与えられる．この推定量を逆変換して

$$\widehat{f}_X(x) = \frac{1}{nh} \sum_{i=1}^{n} (g^{-1})'(x) K\left(\frac{g^{-1}(x) - g^{-1}(X_i)}{h}\right)$$

を $f_X(x)$ の推定量とすることができる．この推定量の平均積分二乗誤差は

$$\begin{aligned}
&\mathrm{MISE}\left[\widehat{f}_X\right] \\
&= E\left[\int_{-\infty}^{\infty}\left\{\widehat{f}_X(x) - f_X(x)\right\}^2\right]dx \\
&= \frac{R(K)E[(g^{-1})'(X_1)]}{nh} + \frac{\sigma_K^2}{4}\int_{-\infty}^{\infty}(g^{-1})'(g(u))\{f_Y^{(2)}(u)\}^2 du \\
&\quad + o\left(\frac{1}{nh} + h^4\right)
\end{aligned}$$

であることが Wand et $al.$ (1991) によって示されている．ただし $\sigma_K^2 = \int u^2 K(u)du$, $R(K) = \int K(u)^2 du$ である．彼らはこれを利用してバンド幅の選択を提案している．この方法を適用すると，境界バイアスをうまく改善することができる．実際に応用するときはデータの構造に注意して，変換を構成する必要がある．

4.2.2 分布関数の推定の改善とその応用

次にデータの変換を使って分布関数に対する境界バイアスの改善を議論する．分布関数のときは密度関数ほど境界バイアスは深刻な問題ではないが，サポートが実数全体でないときにはデータの変換を利用すると推測の精度を上げることができる．3.1.6 項で議論したノンパラメトリック検定に対してこの方法の適用を考える．

分布関数推定量を利用した検定としては他にも**クラーメル・フォンミーゼス検定**，**アンダーソン・ダーリング検定**や**ダービン・ワトソン検定**など種々提案されている．ここではコルモゴロフ・スミルノフ検定とクラーメル・フォンミーゼス検定について考察する．

$X_1, X_2, \ldots, X_n$ を分布関数 $F_X(\cdot)$ と密度関数 $f_X(\cdot)$ を持つ母集団からの無作為標本とする．ここで密度関数のサポートは $\Omega \subseteq \mathbf{R}$ とする．このとき「帰無仮説 $H_0 : F_X \equiv F_0$ と対立仮説 $H_1 : H_0$ ではない」の検定問題に対して，2 章で解説したように経験分布関数 $F_n(x)$ を利用した

$$KS_n = \sup_{x \in \mathbf{R}}|F_n(x) - F_0(x)|$$

を使うコルモゴロフ・スミルノフの検定統計量がよく知られている．有意

確率の計算は準備されている数表を利用するか，または

$$\lim_{n\to\infty} P(\sqrt{n}KS_n \geq x) = 2\sum_{\ell=1}^{\infty}(-1)^{\ell-1}\exp(-2\ell^2 x^2)$$

の評価を利用して検定することができる．

　もう一つ代表的な検定としてはクラーメル・フォンミーゼス検定がある．検定統計量は

$$CvM_n = n\int_{-\infty}^{\infty}[F_n(x) - F_0(x)]^2 dF_0(x)$$

で与えられる．これも数表を利用して検定することになる．

　カーネル型推定量を利用した対応する検定は

$$\widehat{KS} = \sup_{x\in\mathbf{R}}|\widehat{F}_X(x) - F_0(x)| \tag{4.1}$$

と

$$\widehat{CvM} = n\int_{-\infty}^{\infty}[\widehat{F}_X(x) - F_0(x)]^2 dF_0(x) \tag{4.2}$$

で与えられる．これらの検定統計量に対して下記の定理が成り立つので，有意確率は通常のコルモゴロフ・スミルノフ検定とクラーメル・フォンミーゼス検定の数表を利用すればよい．

定理 4.2.1

　$n\to\infty$ のとき $h\to 0$ かつ $nh\to\infty$ とし，$F_X(\cdot)$ および $F_0(\cdot)$ は $\mathbf{R}$ 上の分布関数であるとする．このとき帰無仮説 $H_0 : F_X \equiv F_0$ の下で

$$\left|KS_n - \widehat{KS}\right| \xrightarrow{P} 0$$

が成り立ち，また

$$\left|CvM_n - \widehat{CvM}\right| \xrightarrow{P} 0$$

である．

　この定理は Omelka *et al.*(2009) によって示されている．

4.2 データの変換による改善

次に境界バイアス問題を改善した分布関数推定量に基づく検定を考察する．サポートが実数全体ではないときは分布関数推定量にも境界バイアスの影響がでる．サポートが $[0,\infty)$ のとき，カーネル型分布関数推定量 $\widehat{F}_X(x)$ は $x=0$ で正の値をとる．したがってノンパラメトリックな検定 $\widehat{KS}$ および $\widehat{CvM}$ も境界付近で $|\widehat{F}_X(x) - F_0(x)|$ は想定よりも大きな値をとることになる．これは帰無仮説 H_0 が正しいにもかかわらず，帰無仮説を棄却することになりかねない．ここではデータの変換を使った境界バイアスの軽減法について考察する．カーネル関数 $K(\cdot)$ と一対一変換 $g(\cdot)$ に対して次の仮定をおく．

C1. カーネル関数 $K(u)$ は非負連続で $u=0$ において対称である．
C2. $\sigma_K^2 = \int_{-\infty}^{\infty} u^2 K(u) du < \infty$ で $\int_{-\infty}^{\infty} K(u) du = 1$ である．
C3. バンド幅は $h > 0$ で $n \to \infty$ のとき $h \to 0$ かつ $nh \to \infty$ を満たす．
C4. g は $\mathbf{R}$ から Ω の全単射変換である．
C5. 密度関数 $f_X(\cdot)$ および全単射関数 $g(\cdot)$ は 2 回微分可能である．

上記の条件の下で境界バイアスを改善するカーネル型分布関数推定量

$$\widetilde{F}_X(x) = \frac{1}{n}\sum_{i=1}^{n} W\left(\frac{g^{-1}(x) - g^{-1}(X_i)}{h}\right), \quad x \in \Omega \tag{4.3}$$

が利用できる．これは単純に $g^{-1}(x)$ と $g^{-1}(X_i)$ を $\widehat{F}_X(x)$ に代入しただけで，非常にシンプルなものであり，Wand et al.(1991) で議論した変数変換を利用したものとなっている．この推定量のバイアスと分散は次で与えられる．

定理 4.2.2

条件 C1-C5 を仮定すると

$$\mathrm{Bias}[\widetilde{F}_X(x)] = \frac{h^2}{2}c_1(x)\sigma_K^2 + o(h^2),$$
$$V[\widetilde{F}_X(x)] = \frac{1}{n}F_X(x)[1-F_X(x)] - \frac{2h}{n}g'(g^{-1}(x))f_X(x)k_1 + o\left(\frac{h}{n}\right),$$

が成り立つ.ここで

$$c_1(x) = g^{(2)}(g^{-1}(x))f_X(x) + [g'(g^{-1}(x))]^2 f'_X(x),$$
$$k_1 = \int_{-\infty}^{\infty} uK(u)W(u)du$$

である.

2.1 節で示したように $k_1 \geq 0$ であるから経験分布関数より分散は小さくなっている.

$\widetilde{F}_X(x)$ は互いに独立で同じ分布に従う確率変数の標本平均であるから次の定理が成り立つ.

定理 4.2.3

条件 C1-C5 を仮定すると

$$\frac{\widetilde{F}_X(x) - F_X(x)}{\sqrt{V[\widetilde{F}_X(x)]}} \xrightarrow{d} N(0,1)$$

となる.また

$$\sup_{x \in \Omega} |\widetilde{F}_X(x) - F_X(x)| \xrightarrow{\mathrm{a.s.}} 0$$

も成立する.

直接適合度検定に関連するわけではないが,この分布関数推定量を微分した密度関数は境界バイアスを改善するものになっている.この微分 $\widetilde{f}_X(x) = \frac{d\widetilde{F}_X(x)}{dx}$ は

$$\widetilde{f}_X(x) = \frac{1}{nhg'(g^{-1}(x))} \sum_{i=1}^n K\left(\frac{g^{-1}(x) - g^{-1}(X_i)}{h}\right), \quad x \in \Omega$$

となる．この推定量のバイアスと分散は次で与えられる．

> **定理 4.2.4**
> 条件 C1-C5 が成り立ち $g^{(3)}(\cdot)$ と $f_X^{(2)}(\cdot)$ は連続とする．このとき
> $$\text{Bias}[\widetilde{f}_X(x)] = \frac{h^2 c_2(x)}{2g'(g^{-1}(x))} \int_{-\infty}^{\infty} u^2 K(u) du + o(h^2),$$
> $$V[\widetilde{f}_X(x)] = \frac{f_X(x)}{nhg'(g^{-1}(x))} \int_{-\infty}^{\infty} K^2(u) du + o\left(\frac{1}{nh}\right)$$

が成り立つ．ただし

$$c_2(x) = g^{(3)}(g^{-1}(x))f_X(x) + 3g^{(2)}(g^{-1}(x))g'(g^{-1}(x))f_X'(x)$$
$$+ [g'(g^{-1}(x))]^3 f_X^{(2)}(x)$$

である（Fauzi & Maesono (2023) を参照）．

● 境界バイアスの改善推定量に基づく KS, CvM 検定

もし密度関数のサポート Ω が実数全体 $\mathbf{R}$ でないときは，境界バイアスを改善する分布関数推定量の方が良い検定を与えることが期待される．KS, CvM を改良した次の 2 つの検定統計量を考察する．

$$\widetilde{KS} = \sup_{x \in \mathbf{R}} |\widetilde{F}_X(x) - F_0(x)|$$

および

$$\widetilde{CvM} = n \int_{-\infty}^{\infty} [\widetilde{F}_X(x) - F_0(x)]^2 dF_0(x)$$

とおく．ただし $\widetilde{F}_X$ は変換 g を使って式 (4.3) で定義されるものである．これらの統計量と経験分布関数に基づく KS_n, CvM_n は定理に示すように漸近的に同等となる．

> **定理 4.2.5**
> F_X および F_0 両方ともサポートが Ω の分布関数とする．このとき帰無仮説 $H_0 : F_X \equiv F_0$ の下で

$$|KS_n - \widetilde{KS}| \xrightarrow{P} 0,$$
$$|CvM_n - \widetilde{CvM}| \xrightarrow{P} 0$$

が成り立つ．

● シミュレーションによる比較

まず最初に分布関数 $\widetilde{F}_X$ および密度関数推定量 $\widetilde{f}_X$ の良さを検証する．サポートが $[0, \infty)$ ($\Omega = \mathbf{R}^+$) の例として，ガンマ分布 $\Gamma(2, 2)$，ワイブル分布 Weibull$(2, 2)$，対数正規分布 $\log.N(0, 1)$ および絶対正規分布 abs.$N(0, 1)$ について考察している．サポートが $\Omega = [0, 1]$ の例としては，一様分布 $U(0, 1)$，ベータ分布 Beta$(1, 3)$, Beta$(2, 2)$, Beta$(3, 1)$ についてシミュレーションを行なった．数値は 1 回ごとの x に依存した二乗誤差を x で積分して，繰り返し数で平均をとったものとなっている．これは平均積分二乗誤差 (MISE) の推定値である．標本数は $n = 50$ で繰り返し数は 1000 回に設定した．カーネル関数はガウシアン・カーネル $K(u) = (2\pi)^{-1/2} e^{-u^2/2}$ を使い，バンド幅の選択はクロス・バリデーションで行なった．

それぞれの推定量は下記である．

- $\widehat{F}_X$ は通常のカーネル推定量
- $\widetilde{F}_{\log}$ は $g^{-1}(x) = \log x$ を利用
- $\widetilde{F}_{\Phi^{-1} \circ \gamma}$ は Φ を標準正規分布の分布関数とし $\gamma(x) = 1 - e^{-x}$ とおくとき $g^{-1}(x) = \Phi^{-1}(\gamma(x))$ を利用
- $\widetilde{F}_{\text{probit}}$ はプロビット変換 $g^{-1}(x) = \Phi^{-1}(x)$ を利用（Geenens(2014) を参照）
- $\widetilde{F}_{\text{logit}}$ はロジット変換 $g^{-1}(x) = \log \frac{x}{1-x}$ を利用

表 4.1 からデータの変換に基づく推定の方が $\widehat{F}_X$ よりもかなり MISE を改善していることがわかる．特にサポートが $\Omega = [0, \infty)$ の絶対正規分布 abs.$N(0, 1)$ のときは通常のカーネル法と比べて，かなりの改善が見られる．またサポートが $\Omega = [0, 1]$ のときも変換した $\widetilde{F}$ の方がかなり MISE

表 4.1 分布関数推定量の MISE ($\times 10^5$)

母集団分布	$\widehat{F}_X$	$\widetilde{F}_{\log}$	$\widetilde{F}_{\Phi^{-1}\circ\gamma}$	$\widetilde{F}_{\text{probit}}$	$\widetilde{F}_{\text{logit}}$
Gamma(2,2)	2469	2253	**2181**	–	–
Weibull(2,2)	2224	**1003**	1350	–	–
log.$N(0,1)$	1784	1264	**1254**	–	–
abs.$N(0,1)$	2517	**544**	727	–	–
$U(0,1)$	5074	–	–	**246**	248
Beta(1,3)	7810	–	–	**170**	172
Beta(2,2)	6746	–	–	**185**	188
Beta(3,1)	7801	–	–	**154**	156

Fauzi & Maesono (2023) より

表 4.2 密度関数推定量の MISE ($\times 10^5$)

母集団分布	$\widehat{f}_X$	$\widetilde{f}_{\log}$	$\widetilde{f}_{\Phi^{-1}\circ\gamma}$	$\widetilde{f}_{\text{probit}}$	$\widetilde{f}_{\text{logit}}$
Gamma(2,2)	925	744	**624**	–	–
Weibull(2,2)	6616	**3799**	3986	–	–
log.$N(0,1)$	7416	3569	**2638**	–	–
abs.$N(0,1)$	48005	34496	**14563**	–	–
$U(0,1)$	36945	–	–	**14235**	21325
Beta(1,3)	109991	–	–	**18199**	28179
Beta(2,2)	52525	–	–	**5514**	6052
Beta(3,1)	109999	–	–	**17353**	28935

Fauzi & Maesono (2023) より

を改善していることがわかる.

　他方,図 4.1 からわかるように $\widetilde{F}_{\log}$ と $\widetilde{F}_{\Phi^{-1}\circ\gamma}$ は近い値をとっている.また単純な $\widehat{F}_X$ も $\Gamma(2,2)$ や abs.$N(0,1)$ のときはそれほど悪くはない.しかしサポートが $\Omega = [0,1]$ のとき,単純な $\widehat{F}_X$ はかなりずれていることがわかる.

　データの変換を利用した密度関数の推定でも境界バイアスを改善している.分布関数推定と同じ設定の下で,この密度関数推定量の MISE をシミュレーションで検証した結果を表 4.2 にまとめている.これらのシミュレーションの結果はほぼ分布関数推定量と同じ結果である.

　同様に 1000 回のシミュレーション結果の平均をつないだ密度関数の推

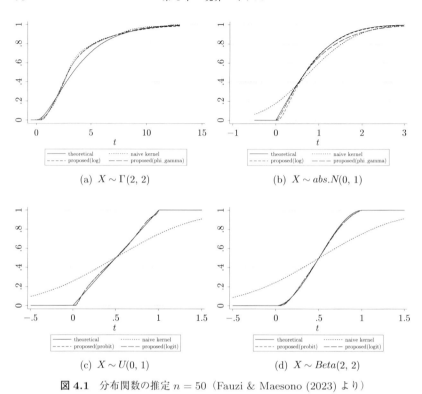

図 4.1 分布関数の推定 $n = 50$（Fauzi & Maesono (2023) より）

定値を図 4.2 にまとめている．通常のカーネル型推定量と比べて，境界バイアスをかなり改善していることがわかる．

次にコルモゴロフ・スミルノフ検定とクラーメル・フォンミーゼス検定について考察する．最初の図 4.3 は実際のデータをワイブル分布 Weibull $(2, 2)$ から生成し，帰無仮説 H_0 としてガンマ分布 $\Gamma(2, 2)$，ワイブル分布 Weibull$(2, 2)$，対数正規分布 $\log.N(0, 1)$ および絶対正規分布 abs.$N(0, 1)$ を仮定したときに棄却した割合 (100%) を表したものである．標本数は $n = 10$ から $n = 100$ まで変化させて，有意水準は $\alpha = 0.01$ (1%) としている．ワイブル分布のときは，有意水準を担保していることが示され，他の分布の時は検出力が 1 になることを示している．標本数 n が大きくなると推測精度が良くなることも見てとれる．図 4.3 からわかるように境界

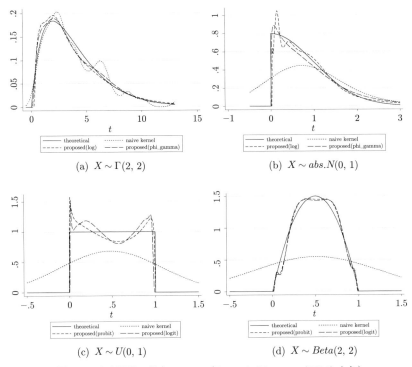

図 4.2 密度関数の推定 $n = 50$ (Fauzi & Maesono (2023) より)

バイアスを改善した KS, CvM が, 有意水準の近似と検出力の両方とも通常のカーネル型推定量を用いたものよりも良い結果を与えている. データを対数正規分布から生成した時の結果も, ワイブル分布のときとほぼ同じである (Fauzi & Maesono (2023) を参照).

最後に, サポートが $\Omega = [0, 1]$ のときのシミュレーションを行う. 図 4.4 でわかるように, この場合はもっと極端なことが起こっている. 発生させた乱数はベータ分布 Beta(1, 3) である. この場合も有意水準と検出力の両方の意味で通常のカーネル型推定量を利用したものよりも精度が良くなっている.

以上みてきたように, 境界バイアスを意識したデータの変換を利用したカーネル型推定量の方が, 通常のカーネル型推定量 (式 (4.1) および式

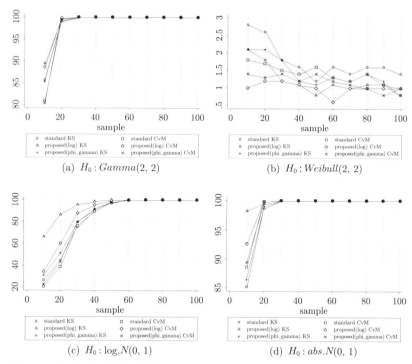

図 **4.3** データはワイブル分布 Weibull(2,2) $n = 10 \sim 100$ (Fauzi & Maesono (2023) より)

(4.2)) より精度の高い検定となっている．これは他の推測問題に対しても主張できることである．

● **平均余命関数の推定**

平均余命関数 (MRL function, mean residual life function) を推定するのは，生保数理や医学統計において重要な問題である．X を分布関数が $F_X(\cdot)$ で，密度関数が $f_X(\cdot)$ である確率変数とするとき，余命関数は

$$m_X(t) = E(X - t | X > t), \quad t \in \Omega$$

で定義される．ここで**生存関数** $S_X(t)$ と**累積生存関数**の $\mathbb{S}_X(t)$ を

4.2 データの変換による改善

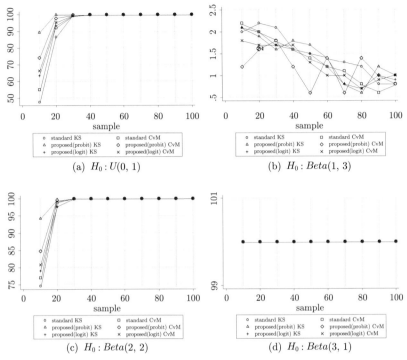

図 4.4 データはベータ分布 $Beta(1,3)$ $n = 10 \sim 100$ (Fauzi & Maesono (2023) より)

$$S_X(t) = P(X > t) = 1 - F_X(t),$$
$$\mathbb{S}_X(t) = \int_t^\infty S_X(u)du$$

と定義する．これを使うと

$$\begin{aligned}
m_X(t) &= \frac{1}{P(X > t)} \int_t^\infty (u-t)f_X(u)du \\
&= \frac{1}{S_X(t)} \left(-[(u-t)\{1 - F_X(u)\}]_t^\infty + \int_t^\infty \{1 - F_X(u)\}du \right) \\
&= \frac{\mathbb{S}_X(t)}{S_X(t)}
\end{aligned}$$

となる．

$X_1, X_2, \ldots, X_n$ を X と同じ母集団分布からの無作為標本とする．経験分布関数と同じ発想による MRL の推定量は

$$m_n(t) = \frac{\mathbb{S}_n(t)}{S_n(t)} = \frac{\sum_{i=1}^n (X_i - t) I(X_i > t)}{\sum_{i=1}^n I(X_i > t)}, \quad t \in \Omega$$

で与えられる．ここで $I(\cdot)$ は定義関数である．Csörgő & Zitikis(1996) はこの推定量の漸近的な性質を明らかにしている．他方 $S_X(t), \mathbb{S}_X(t)$ は分布関数のカーネル型推定量を利用して構成することができる．カーネル関数 $K(\cdot)$ を使って

$$W(x) = \int_{-\infty}^x K(u)du, \quad V(x) = \int_x^\infty K(u)du, \quad \mathbb{V}(x) = \int_x^\infty V(u)du$$

とおくと MRL 関数推定量は

$$\widehat{m}_X(t) = \frac{\widehat{\mathbb{S}}_X(t)}{\widehat{S}_X(t)} = \frac{h \sum_{i=1}^n \mathbb{V}\left(\frac{t-X_i}{h}\right)}{\sum_{i=1}^n V\left(\frac{t-X_i}{h}\right)}, \quad t \in \Omega$$

で与えられる．通常の MRL 関数のカーネル型推定量の性質は Guillamón et al. (1998) で議論されている．t は時間を表わすものが多く非負である．この場合も密度関数の時ほど大きな問題とはならないが，境界バイアスを考慮する必要がある．密度関数のサポートを $[a_1, a_2]$（または $[a_1, \infty)$）として考察していく．ここで MRL 関数は $m_X(a_1) + a_1 = E(X)$ となるはずであるが，境界バイアスを抱えた通常のカーネル型推定では $\lim_{t \to a_1+} \widehat{m}_X(t) = \overline{X} + O_p(1)$ になってしまう．この問題を解決するために 1 対 1 変換 g^{-1} を利用して境界バイアスの影響を取り除く．

$g : \mathbf{R} \to \Omega$ を全単射な関数とし，$Y_i = g^{-1}(X_i)$ とおく．さらに下記の条件を仮定する．

D1. カーネル関数 $K(\cdot)$ は連続で非負の関数とし，原点に対して対称である．また $\int_{-\infty}^\infty K(u)du = 1$.

D2. バンド幅は $h > 0, h \to 0, nh \to \infty \ (n \to \infty)$ とする．

D3. 関数 $g : \mathbf{R} \to \Omega$ は連続で単調増加である．

D4. 関数 f_X および g は連続 2 回微分可能である.
D5. 積分 $\int_{-\infty}^{\infty} g'(ut)K(t)dt$, $\int_{-\infty}^{\infty} g'(ut)V(t)dt$ は原点の ε-近傍のすべての u に対して存在する.
D6. 期待値 $E(|X^3|) < \infty$ とする.

D1, D2 はカーネル型推測では標準的な仮定で, D3 は全単射であるための条件である. D4, D5, D6 はバイアスと分散を求めるときの技術的な条件である. ここで新しい関数

$$\bar{\mathbb{S}}_X(t) = \int_t^{\infty} \mathbb{S}_X(x)dx$$

を定義しておく.

まず D3 〜 D5 の条件を考慮してそれぞれの関数のカーネル型推定量を下記で定義する.

定義 4.2.1

$t \in \Omega$ に対して

$$\widetilde{f}_X(t) = \frac{1}{nhg'(g^{-1}(t))} \sum_{i=1}^n K\left(\frac{g^{-1}(t) - g^{-1}(X_i)}{h}\right),$$

$$\widetilde{S}_X(t) = \frac{1}{n} \sum_{i=1}^n V\left(\frac{g^{-1}(t) - g^{-1}(X_i)}{h}\right),$$

$$\widetilde{\mathbb{S}}_{X,1}(t) = \frac{1}{n} \sum_{i=1}^n \mathbb{V}_{1,h}(g^{-1}(t), g^{-1}(X_i))$$

と定義する. ただし

$$\mathbb{V}_{1,h}(x, y) = \int_x^{\infty} g'(u) V\left(\frac{u-y}{h}\right) du$$

である.

このとき下記の定理が成り立つ.

定理 4.2.6 (Fauzi & Maesono (2024) を参照)

条件 D1 〜 D6 を仮定する．このとき $\widetilde{S}_X(t)$ および $\widetilde{\mathbb{S}}_{X,1}(t)$ のバイアスと分散は

$$\mathrm{Bias}[\widetilde{S}_X(t)] = -\frac{h^2}{2}b_1(t)\int_{-\infty}^{\infty}u^2 K(u)du + o(h^2),$$

$$V[\widetilde{S}_X(t)] = \frac{1}{n}S_X(t)F_X(t) - \frac{h}{n}g'(g^{-1}(t))f_X(t)\int_{-\infty}^{\infty}V(y)W(y)dy$$
$$+ o\left(\frac{h}{n}\right),$$

$$\mathrm{Bias}[\widetilde{\mathbb{S}}_{X,1}(t)] = \frac{h^2}{2}b_2(t)\int_{-\infty}^{\infty}u^2 K(u)du + o(h^2),$$

$$V[\widetilde{\mathbb{S}}_{X,1}(t)] = \frac{1}{n}[2\bar{\mathbb{S}}_X(t) - \{\mathbb{S}_X(t)\}^2] + o\left(\frac{h}{n}\right)$$

で与えられる．なお上記の分散の主要項は正である．また

$$b_1(t) = g^{(2)}(g^{-1}(t))f_X(t) + [g'(g^{-1}(t))]^2 f_X'(t),$$
$$b_2(t) = [g'(g^{-1}(t))]^2 f_X(t) + \int_{g^{-1}(t)}^{\infty} g^{(2)}(u)g'(u)f_X(g(u))du$$

である．さらにこれらの共分散は

$$\mathrm{Cov}[\widetilde{\mathbb{S}}_{X,1}(t), \widetilde{S}_X(t)] = \frac{1}{n}\mathbb{S}_X(t)F_X(t) + o\left(\frac{h}{n}\right)$$

となる．

ここで

$$\frac{d}{dt}\widetilde{\mathbb{S}}_{X,1}(t) = -\widetilde{S}_X(t)$$

が成り立つから，母集団で $\mathbb{S}_X$ と S_X のあいだに成り立つ関係が，推定量についても成り立っていることがわかる．$\widetilde{S}_X(t)$ についての結果は，Guillamón et al.(1998) による $\widehat{S}_X(t)$ の結果に単純に $g^{-1}(t)$ と $g^{-1}(X_i)$ 代入しただけである．別の観点から 2 番目の推定量として Fauzi & Maesono (2024) は

4.2 データの変換による改善

$$\widetilde{\mathbb{S}}_{X,2}(t) = \frac{1}{n}\sum_{i=1}^{n}\mathbb{V}_{2,h}(g^{-1}(t), g^{-1}(X_i)), \quad t \in \Omega$$

も提案している．ここで

$$\mathbb{V}_{2,h}(x,y) = \int_{-\infty}^{y} g'(u)V\left(\frac{x-u}{h}\right)du$$

である．この式で g' を掛けているのは $\widetilde{\mathbb{S}}_{X,2}$ が $\mathbb{S}_X$ の一致推定量となるために必要なものである．この推定量のバイアスと分散は下記で与えられる．

定理 4.2.7 （Fauzi & Maesono (2024) を参照）
条件 D1 〜 D6 を仮定すると $\widetilde{\mathbb{S}}_{X,2}(t)$ に対して

$$\mathrm{Bias}[\widetilde{\mathbb{S}}_{X,2}(t)] = \frac{h^2}{2}b_3(t)\int_{-\infty}^{\infty} u^2 K(u)du + o(h^2),$$

$$V[\widetilde{\mathbb{S}}_{X,2}(t)] = \frac{1}{n}[2\bar{\mathbb{S}}_X(t) - \{\mathbb{S}_X(t)\}^2] + o\left(\frac{h}{n}\right)$$

が成り立つ．ただし

$$b_3(t) = [g'(g^{-1}(t))]^2 f_X(t) - g^{(2)}(g^{-1}(t))S_X(t)$$

である．また

$$\mathrm{Cov}[\widetilde{\mathbb{S}}_{X,2}(t), \widetilde{S}_X(t)] = \frac{1}{n}\mathbb{S}_X(t)F_X(t) + o\left(\frac{h}{n}\right)$$

が成り立つ．

［**注意**］上記の2つの定理では似た性質が成り立っている．たとえば $\mathrm{Cov}[\widetilde{\mathbb{S}}_{X,1}(t), \widetilde{S}_X(t)]$ と $\mathrm{Cov}[\widetilde{\mathbb{S}}_{X,2}(t), \widetilde{S}_X(t)]$ の主要項は一致している．

これまで提案してきた推定量を元に MRL 関数の2種類の推定量を定義する．すなわち $t \in \Omega$ に対して

$$\widetilde{m}_{X,1}(t) = \frac{\widetilde{\mathbb{S}}_{X,1}(t)}{\widetilde{S}_X(t)} = \frac{\sum_{i=1}^n \int_{g^{-1}(t)}^{\infty} g'(u) V\left(\frac{u-g^{-1}(X_i)}{h}\right) du}{\sum_{i=1}^n V\left(\frac{g^{-1}(t)-g^{-1}(X_i)}{h}\right)},$$

$$\widetilde{m}_{X,2}(t) = \frac{\widetilde{\mathbb{S}}_{X,2}(t)}{\widetilde{S}_X(t)} = \frac{\sum_{i=1}^n \int_{-\infty}^{g^{-1}(X_i)} g'(u) V\left(\frac{g^{-1}(t)-u}{h}\right) du}{\sum_{i=1}^n V\left(\frac{g^{-1}(t)-g^{-1}(X_i)}{h}\right)}$$

とおく．このとき直感的には S_X と $\mathbb{S}_X$ 関係が $\widetilde{S}_X$ と $\widetilde{\mathbb{S}}_{X,1}$ の関係に保持されることから，$\widetilde{m}_{X,1}$ の方が良いと思えるかもしれない．しかし注意でも述べたように分散の主要項は一致していることから，漸近平均二乗誤差の意味で優れている方を使うべきである．$\widetilde{m}_{X,i}(t), i=1,2$ のバイアスと分散は次で与えられる．

定理 4.2.8 （Fauzi & Maesono (2024) を参照）

条件 D1 ～ D6 を仮定する．このとき $\widetilde{m}_{X,i}(t)(i=1,2)$ のバイアスと分散は

$$\mathrm{Bias}[\widetilde{m}_{X,1}(t)] = \frac{h^2}{2S_X(t)}[b_2(t) + m_X(t)b_1(t)] \int_{-\infty}^{\infty} y^2 K(y) dy + o(h^2),$$

$$\mathrm{Bias}[\widetilde{m}_{X,2}(t)] = \frac{h^2}{2S_X(t)}[b_3(t) + m_X(t)b_1(t)] \int_{-\infty}^{\infty} y^2 K(y) dy + o(h^2),$$

$$V[\widetilde{m}_{X,i}(t)] = \frac{1}{n}\frac{b_4(t)}{\{S_X(t)\}^2} - \frac{h}{n}\frac{b_5(t)}{S_X^2(t)}\int_{-\infty}^{\infty} V(y)W(y)dy + o\left(\frac{h}{n}\right)$$

で与えられる．ただし

$$b_4(t) = 2\mathbb{S}_X(t) - S_X(t)m_X^2(t), \quad b_5(t) = g'(g^{-1}(t))f_X(t)m_X^2(t)$$

である．

これらの推定量に対して他のカーネル型推定量と同様に，漸近正規性と一様強収束性が成り立つ．

定理 4.2.9 （Fauzi & Maesono (2024) を参照）

条件 D1 ～ D6 を仮定すると $i(=1,2)$ に対して

4.2 データの変換による改善

$$\frac{\widetilde{m}_{X,i}(t) - m_X(t)}{\sqrt{V[\widetilde{m}_{X,i}(t)]}} \xrightarrow{d} N(0,1),$$

$$\sup_{t \in \Omega} |\widetilde{m}_{X,i}(t) - m_X(t)| \xrightarrow{a.s.} 0$$

となる．

この正規分布への収束を利用すると，漸近的な信頼区間を構成することができる．

さらに生存している現在の時点 a_1 での性質として下記の定理が成り立つ．

定理 4.2.10 (Fauzi & Maesono (2024) を参照)

境界バイアスを改善する 2 つの MRL 関数の推定量 $\widetilde{m}_{X,1}$ と $\widetilde{m}_{X,2}$ に対して

$$\widetilde{m}_{X,1}(a_1) + a_1 = \overline{X} + O_p(h^2),$$
$$\widetilde{m}_{X,2}(a_1) + a_1 = \overline{X}$$

となる．

● **数値比較**

表 4.3 は平均積分二乗誤差 (MISE) のシミュレーションによる推定結果である．各シミュレーションは繰り返し数が 1000 回である．g^{-1} の選択は「1^a」が $\Phi^{-1} \circ \gamma$ で，「1^b」が対数変換 $\log x$ である．「2^a」はロジット変換で，「2^b」は Φ^{-1} を表わす．母集団分布としては，指数分布 $\exp(1)$, ガンマ分布 $\Gamma(2,3)$, ワイブル分布 $\mathrm{Weibull}(3,2)$, 絶対正規分布 $\mathrm{abs}.N(0,1)$, 一様分布 $U(0,1)$, およびベータ分布 ($\beta(3,3)$, $\beta(2,4)$ と $\beta(4,2)$) で比較している．カーネル関数はイパネクニコフ・カーネルで，バンド幅はクロス・バリデーションで決めている．太字の数値が最小である．この表から単純なカーネル型推定は良くないことがわかる．

さらに各点での推定の良さを比較するために，1000 回のシミュレーションに基づく MRL 関数の各点での平均，バイアス，分散及び平均二乗

表 4.3 平均積分二乗誤差 ($\times 10^5$) の比較

n	分布関数	経験分布	単純	1[a]	1[b]	2[a]	2[b]
50	$\exp(1)$	132765	229308	68007	76069	63148	**52140**
	$\Gamma(2,3)$	704072	1685292	411047	546663	285871	**228580**
	Wei$(3,2)$	56464	70314	30828	55582	**4987**	7477
	abs.$N(0,1)$	18951	32179	11507	18141	4819	**4204**
	$U(0,1)$	865	1255	645	**628**	732	777
	$\beta(3,3)$	582	1310	**411**	520	443	577
	$\beta(2,4)$	923	1069	562	717	**527**	586
	$\beta(4,2)$	606	1486	**349**	387	440	586
100	$\exp(1)$	71433	115213	34122	43125	32024	**31021**
	$\Gamma(2,3)$	411131	843151	201114	322342	143440	**124351**
	Wei$(3,2)$	33232	41102	21314	23441	**2544**	4234
	abs.$N(0,1)$	9530	21045	6313	9020	2405	**2111**
	$U(0,1)$	434	634	323	**314**	421	345
	$\beta(3,3)$	351	701	**201**	311	232	343
	$\beta(2,4)$	512	535	331	405	**314**	347
	$\beta(4,2)$	312	743	**225**	244	229	309

Fauzi & Maesono (2024) より

誤差のグラフを次にまとめている．図 4.5 は母集団分布がワイブル分布 Weibull$(3,2)$ のときである．いずれも境界バイアスを考慮して推定したものが良い推定量となっている．図 4.6 は母集団分布がベータ分布 $\beta(3,3)$ のときである．このときも境界バイアスを考慮した推定量が良いものになっている．

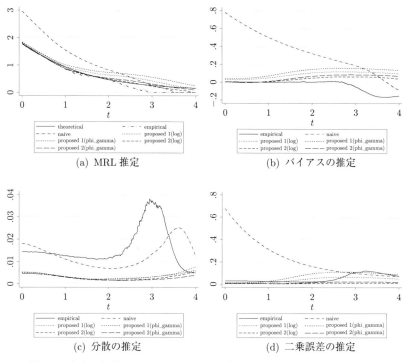

図 4.5　各点の比較 Weibull$(3, 2)$ $n = 50$（Fauzi & Maesono (2024) より）

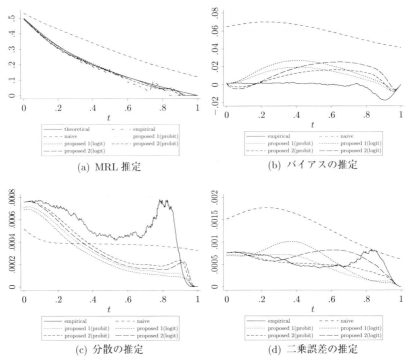

(a) MRL 推定　　(b) バイアスの推定　　(c) 分散の推定　　(d) 二乗誤差の推定

図 **4.6**　各点の比較 $\beta(3,3)$ $n = 50$（Fauzi & Maesono (2024) より）

参考文献

[1] Akaike, H. (1954). An approximation to the density function. *Ann. Inst. Statist. Math.*, **6**, 127-132.

[2] 安道知寛, 井元清哉, 小西貞則 (2001). 動径基底関数ネットワークに基づく非線形回帰モデルとその推定, 応用統計学, **30**, 19-35.

[3] Azzalini, A. (1981). A note on the estimation of a distribution function and quantiles by a kernel method. *Biometrika*, **68**, 326-328.

[4] Brown, B.M. and Chen, S.X. (1999). Beta-Bernstein smoothing for regression curves with compact supports. *Scand. J. Statist.*, **26**, 47-59.

[5] Brown, B., Hall, P. and Young, G. (2001). The smoothed median and the bootstrap. *Biometrika*, **88**, 519-534.

[6] Chen, S.M., Hsu, Y.S. and Liaw, J.T. (2009). On kernel estimators of density ratio, *Statistics*, **43**, 463-479.

[7] Chen, S.X. (2000). Probability density function estimation using gamma kernels. *Ann. Inst. Stat. Math.*, **52**, 471-480.

[8] Csörgő, M. and Zitikis, R. (1996). Mean residual life processes. *Ann. Statist.*, **24**, 1717-1739.

[9] Ćwik, J. and Mielniczuk, J. (1989). Estimating density ratio with application to discriminant analysis. *Commun. Statist. Theory Method.*, **18**, 3057-3069.

[10] Dharmadhikari, S.W., Fabian, V. and Jogdeo, K. (1968). Bounds on the moments of martingales. *Ann. Math. Stat.*, **39**, 1719-1723.

[11] Efron, B. (1979). Bootstrap methods: another look at the jackknife. *Ann. Statist.*, **7**, 1-26.

[12] Fauzi, R.R. and Maesono, Y. (2017). Error reduction for kernel distribution function estimators. *Bull. Inform. Cybern.*, **49**, 53-66.

[13] Fauzi, R.R. and Maesono, Y. (2020). New type of gamma kernel density estimator. *J. Korean Stat. Soc.*, **49**, 882-900.

[14] Fauzi, R.R. and Maesono, Y. (2023). Boundary-free kernel-smoothed goodness-of-fit tests for data on general interval. *Commun. Statist. Simul. Comput.*, **52**, 1962-1978. doi: 10.1080/03610918.2021.1894336

[15] Fauzi, R.R. and Maesono, Y. (2024). Boundary-free estimators of the mean residual life function for data on general interval. *Commun. Statist. Theory Method.*, **53**, 3958–3972. doi: 10.1080/03610926.2023.2168484

[16] Fix, E. and Hodges, J.L. (1951). Discriminatory analysis —nonparametric discrimination: consistency properties. *Report No.4, Project no.21-29-004*

[17] García-Soidán, P.H., González-Manteiga, W. and Prada-Sánchez, J. (1997). Edgeworth expansions for nonparametric distribution estimation with applications. *J. Stat. Plan. Inference*, **65**, 213-231.

[18] Geenens, G. (2014). Probit transformation for kernel density estimation on the unit interval. *J. Am. Stat. Assoc.*, **109**, 346-358.

[19] Govindarajulu, Z. (2007). *Nonparametric Inference*. World Scientific, Singapore.

[20] Guillamón, A., Navarro, J. and Ruiz, J.M. (1998). Nonparametric estimator for mean residual life and vitality function. *Statistical Paper*, **39**, 263-276.

[21] Härdle, W., Müller, M., Sperlich, S. and Werwatz, A. (2004). *Nonparametric and Semiparametric Models*. Springer Berlin.

[22] Hájek, J., Šidák, Z. and Sen, P.K. (1999). *Theory of Rank Tests*, 2nd ed., Academic Press, San Diego.

[23] Hall, P. (1983). Large sample optimality of least squares cross-validation in density estimation. *Ann. of Statist.*, **11**, 1156-1174.

[24] Hirukawa, M., (2018). *Asymmetric Kernel Smoothing: Theory and Application in Economics and Finance*. Springer Briefs in Statistics.

[25] Huang, Z. and Maesono, Y. (2014). Edgeworth expansion for kernel estimators of a distribution function. *Bull. Inform. Cyber.*, **46**, 1-10.

[26] Ichimura, H. (1993). Semiparametric least squares (SLS) and weighted SLS estimation of single-index models. *Jour. Econometrics*, **58**, 71-120.

[27] 井元清哉，小西貞則 (1999). B-スプラインによる非線形回帰モデルと情報量規準, 統計数理, **47**, 359-373.

[28] Jones, M.C. (1993). Simple boundary correction for kernel density estimation. *Stat. Comput.*, **3**, 135-146.

[29] Jones, M.C. and Signorini, D.F. (1997). A comparison of higher-order bias kernel density estimators. *J. Am. Stat. Assoc.*, **92**, 1063-1073.

[30] 柿沢佳秀. (2024). バートレット型調整，局所検出力比較，及び，最近の非対称カーネル密度推定法の話題から, **53**, 315-348.
[31] Lehmann, E.L. and D'abrera, H. (2006). *Nonparametrics: Statistical Methods based on Ranks*, Marcel Dekker, New York.
[32] 前園宜彦 (2001). 統計的推測の漸近理論，九州大学出版会.
[33] 前園宜彦 (2019). ノンパラメトリック統計，共立出版.
[34] Maesono, Y., Moriyama, T. and Lu, M. (2018). Smoothed nonparametric tests and their properties. *Ann. Inst. Stat. Math.*, **70**, 969-982.
[35] Maesono, Y. and Penev S. (2011). Edgeworth expansion for the kernel quantile estimator. *Ann. Inst. Statist. Math.*, **63**, pp.617-644.
[36] Maesono, Y. and Penev S. (2013). Improved confidence intervals for quantiles. *Ann. Inst. Statist. Math.*, **65**, pp.167-189.
[37] Malevich, T.L. and Abdalimov B. (1979). Large deviation probabilities for U-statistics. *Theory of Probab. Appl.*, **24**, 215-219.
[38] Moriyama, T. and Maesono, Y. (2018). Smoothed alternatives of the two-sample median and Wilcoxon's rank sum tests. *Statistics*, **52**, 1096-1115.
[39] Motoyama, M. and Maesono, Y. (2018). On direct kernel estimator of density ratio. *Bull. Inform. Cyber.*, **50**, 27-42.
[40] Müller, H.G. (1984). Smooth optimum kernel estimators of densities, regression curves and modes. *Ann. Statist.*, **12**, 766-774.
[41] Nadaraya, E.A. (1964). On Estimating Regression. *Theory of Probab. Appl.*, **9**, 141-142.
[42] Omelka, M., Gijbels, I. and Veraverbeke, N. (2009). Improved kernel estimation of copulas: weak convergence and goodness-of-fit testing. *Ann. Statist.*, **37**, 3023-3058.
[43] Parzen, E. (1962). On estimation of a probability density function and mode. *Ann. Math. Stat.*, **32**, 1065-1076.
[44] Quenouille, M. (1949). Approximation tests of correlation in time series. *Jour. Roy. Statist. Soc. B*, **11**, 18-84.
[45] Rao, B.L.S.P. (1983). *Nonparametric Functional Estimation*, Academic Press, Orland.
[46] Rosenblatt, M. (1956) Remarks on some non-prametric estimates of a density function. *Ann. Math. Stat.*, **27**, 832-837.
[47] Rudemo, M. (1982). Empirical choice of histograms and kernel density estimators, *Scand. J. Statist.*, **9**, 65-78.

[48] Shimokihara, A. and Maesono, Y. (2018). Asymptotic mean squared error of kernel estimator of excess distribution function. *Bull. Inform. Cyber.*, **50**, pp.51-64.

[49] Shirahata, S. and Chu, I.S. (1992). Integrated squared error of kernel type estimator of distribution function. *Ann. Inst. Stat. Math.*, **44**, 579-591.

[50] Stone, C. J. (1984). An asymptotically optimal window selection rule for kernel density estimates. *Ann. Statist.*, **12**, 1285-1297.

[51] 高橋倫也，志村隆彰 (2016). 極値統計学（ISMシリーズ：深化する統計数理）近代科学社.

[52] Terrell, G. R. and Scott, D. W. (1980). On improving convergence rates for nonnegative kernel density estimators. *Ann. Statist.*, **8**,1160-1163.

[53] Umeno, S. and Maesono, Y. (2013). Improvement of normal approximation for kernel density estimator. *Bull. Inform. Cybern.*, **45**, 11-24.

[54] Wand, M.P., Marron, J.S. and Ruppert, D. (1991). Transformations in density estimation. *J. Am. Stat. Assoc.*, **86**, 343-353.

[55] Watson, G.S. (1964). Smooth regression analysis. *Sankhyā*, **26**, 359-372.

索　引

【ア行】

アンダーソン・ダーリング検定, 91
一標本検定問題, 70
一般化ジャックナイフ法, 19, 22
イパネクニコフ・カーネル, 9
ウィルコクソンの順位和検定, 76
ウィルコクソンの符号付き順位検定, 70
エッジワース展開, 6
ℓ-次オーダー・カーネル, 19

【カ行】

カーネル型推定量, 6
カーネル関数, 8
回帰分析, 46
境界バイアス, 7, 87
境界バイアス問題, 86
局外母数, 70
クラーメル・フォンミーゼス検定, 91
クラーメル条件, 14
クロス・バリデーション, 6
経験分布関数, 1
交差検証法, 6
コルモゴロフ・スミルノフ検定, 63

【サ行】

最小二乗推定量, 47
次元の呪い, 28
ジャックナイフ法, 19, 21
シングル・インデックスモデル, 55
スプライン平滑化法, 54
生存関数, 100
生存時間解析, 61
積カーネル, 25
セミ・パラメトリック, 55

漸近平均積分二乗誤差, 5
漸近平均二乗誤差, 5
漸近 U-統計量, 57
線形回帰, 46

【タ行】

ダービン・ワトソン検定, 91
対称カーネル, 9
大偏差確率, 52
超過分布関数, 66
動径基底関数, 54

【ナ行】

ナダラヤ・ワトソン推定量, 7
2 次オーダー・カーネル, 9
二標本検定問題, 75
ノンパラメトリック回帰, 46

【ハ行】

バイアス修正ジャックナイフ推定量, 22
ハザード関数, 7, 61
バリュー・アット・リスク, 56
バンド幅, 8
ヒストグラム, 2
非線形回帰, 46
非対称カーネル, 89
標本分位点, 56
ビン, 2
ブートストラップ法, 22
符号検定, 70
プラグ・イン法, 13
分位点, 56
平滑化パラメータ, 8
平均二乗誤差, 2

平均余命関数, 100
棒グラフ, 2

【マ行】

マン・ホィットニー検定統計量, 73
メディアン検定, 76

【ヤ行】

有効性, 14

【ラ行】

累積生存関数, 100

〈著者紹介〉

前園宜彦（まえその よしひこ）

1956 年　鹿児島県生まれ
1984 年　九州大学大学院博士課程退学
現　在　中央大学理工学部教授
　　　　九州大学名誉教授
　　　　理学博士
著　書　『統計的推測の漸近理論』（九州大学出版会，2001）
　　　　『詳解演習　確率統計』（サイエンス社，2010）
　　　　『概説　確率統計（第 3 版）』（サイエンス社，2018）
　　　　『ノンパラメトリック統計』（共立出版，2019）

統計学 One Point 28	著　者　前園宜彦　ⓒ 2025
ノンパラメトリック法	発行者　南條光章
カーネル型推定による統計的推測	発行所　共立出版株式会社
Nonparametric Method	〒112-0006
—Kernel Type Estimation	東京都文京区小日向 4-6-19
2025 年 2 月 15 日　初版 1 刷発行	電話番号　03-3947-2511（代表）
	振替口座　00110-2-57035
	www.kyoritsu-pub.co.jp
	印　刷　大日本法令印刷
	製　本　協栄製本

一般社団法人
自然科学書協会
会員

検印廃止
NDC 417.6
ISBN 978-4-320-11279-7
Printed in Japan

JCOPY ＜出版者著作権管理機構委託出版物＞
本書の無断複製は著作権法上での例外を除き禁じられています．複製される場合は，そのつど事前に，出版者著作権管理機構（TEL：03-5244-5088，FAX：03-5244-5089，e-mail：info@jcopy.or.jp）の許諾を得てください．

「数学探検」「数学の魅力」「数学の輝き」の三部からなる数学講座

共立講座 数学の輝き

新井仁之・小林俊行・斎藤 毅・吉田朋広 編

大学院に入ってもすぐに最先端の研究をはじめられるわけではありません。この「数学の輝き」では、「数学の魅力」で身につけた数学力で、それぞれの専門分野の基礎概念を学んでください。現在活発に研究が進みまだ定番となる教科書がないような分野も多数とりあげ、初学者が無理なく理解できるように基本的な概念や方法を紹介し、最先端の研究へと導きます。　＜各巻A5判・税込価格＞

❶数理医学入門
鈴木 貴著　画像処理／生体磁気／逆源探索／細胞分子／他‥‥‥‥定価4400円

❷リーマン面と代数曲線
今野一宏著　リーマン面と正則写像／リーマン面上の積分／他‥‥‥‥定価4400円

❸スペクトル幾何
浦川 肇著　リーマン計量の空間と固有値の連続性／他‥‥‥‥‥‥定価4730円

❹結び目の不変量
大槻知忠著　絡み目のジョーンズ多項式／量子群／他‥‥‥‥‥‥定価4400円

❺$K3$曲面
金銅誠之著　格子理論／鏡映群とその基本領域／他‥‥‥‥‥‥‥定価4400円

❻素数とゼータ関数
小山信也著　素数に関する初等的考察／ゼータ研究の技法／他‥‥‥定価4400円

❼確率微分方程式
谷口説男著　確率論の基本概念／マルチンゲール／他‥‥‥‥‥‥定価4400円

❽粘性解 ─比較原理を中心に─
小池茂昭著　準備／粘性解の定義／比較原理／存在と安定性／他‥‥定価4400円

❾3次元リッチフローと幾何学的トポロジー
戸田正人著‥‥‥‥‥‥‥‥定価4950円

❿保型関数 ─古典理論とその現代的応用─
志賀弘典著　楕円曲線と楕円モジュラー関数／他‥‥‥‥‥‥‥‥定価4730円

⓫D加群
竹内 潔著　D-加群の基本事項／D-加群の様々な公式／偏屈層／他‥‥定価4950円

⓬ノンパラメトリック統計
前園宜彦著　確率論の準備／統計的推測／漸近正規統計量／他‥‥‥定価4400円

⓭非可換微分幾何学の基礎
前田吉昭・佐古彰史著　数学的準備と非可換幾何の出発点／他‥‥‥定価4730円

⓮リー群のユニタリ表現論
平井 武著　Lie群とLie環の基礎／群の表現の基礎／他‥‥‥‥‥‥定価6600円

⓯離散群とエルゴード理論
木田良才著　保測作用／保測同値関係の基礎／従順群／他‥‥‥‥定価4950円

⓰散在型有限単純群
吉荒 聡著　$S(5,8,24)$系と二元ゴーレイ符号／他‥‥‥‥‥‥‥定価5830円

www.kyoritsu-pub.co.jp　　**共立出版**　　（価格は変更される場合がございます）